Johann Redowskys Reise von Irkutsk nach Kamtschatka (1806–1807) im Auftrag der Akademie der Wissenschaften

Das wissenschaftliche Tagebuch des Forschers – Botanik – Geologie – Ethnographie der Jakuten und Tungusen

Hartmut Walravens

BoD

Teile des Tagebuchs wurden vom Herausgeber auf wissenschaftsgeschichtlichen Symposien bekannt gemacht:
Johann Redowskys Reise von Irkutsk nach Kamschatka.
Ingrid Kästner, Jürgen Kiefer (Hrsg.): *Reisen von Ärzten und Apothekern im 18. und 19. Jahrhundert.* Aachen: Shaker 2015 (Europäische Wissenschaftsbeziehungen 10.), 103–134

Johann Redowskys Beschreibung der Jakuten (1807). Ein frühe, bisher unveröffentlichte Monographie.
Ingrid Kästner, Wolfgang Geier (Hrsg.): *Deutsch-russische kulturelle und wissenschaftliche Wahrnehmungen und Wechselseitigkeiten vom 18. bis 20. Jahrhundert.* Aachen: Shaker 2016 (Europäische Wissenschaftsbeziehungen 11.), 133–165

Die Forschungsreise des Memeler Arztes Johann Redowsky von Jakutsk nach Ochotsk im Auftrage der St. Petersburger Akademie der Wissenschaften (1806). Dritter Teil.
Deutsch-russische Zusammenarbeit wissenschaftlicher und kultureller Institutionen vom 18. zum 20. Jahrhundert. Hrsg. v. Ingrid Kästner, Michael Schippan. Aachen: Shaker 2017 (Europäische Wissenschaftsbeziehungen 14.), 73–104

Die Umschlagillustration stammt von Louis Lespinasse und zeigt eine Teilansicht von Jakutsk, 1783. (www.vintage-maps.com)

ISBN 9783748188971

Herstellung und Verlag:
BoD – Books on Demand, Norderstedt

Bibliografische Information der Deutschen Nationalbibliothek: Die Deutsche Nationalbibliothek verzeichnet diese Publikation in der Deutschen Nationalbibliografie; detaillierte bibliografische Daten sind im Internet über dnb.dnb.de abrufbar.

Inhalt

Einleitung

Biographische Skizze

Johann REDOWSKY (Memel 20. Dez. 1773 bis 8. Febr. 1807 Gižiginsk), Jakutien[1], stammte aus einer Kaufmannsfamilie in Memel.[2] Er studierte in Königsberg und Jena (oder Leipzig?)[3] Botanik und Medizin und promovierte zum

---

1   Die Lebensdaten sind umstritten – so finden sich auch als Geburtsjahr 1774, 1775 und 1776; für das Todesjahr geben die *Mémoires de la société imp. des naturalistes de Moscou* 1811, in der Liste der Mitglieder 1808. Der 20. Dez. 1773 a. St. entspricht dem 1.1.1774 n. St.
Sekundärliteratur zu Redowsky: Spasskij, G.: Vospominanija o botanike I. I. Redovskom. In: *Otečestvennye zapiski* 1852, oktjabŕ, otd. VIII, S. 144–152; (B. Garskij): Ivan Ivanovič Redovskij. In: *Russkij biografičeskij slovaŕ* 15.1910, 533–534; Nekrasova, V. L.: Gorenskij botaničeskij sad. In: *Trudy Instituta istorii estestvovanija.* Moskau, Leningrad 1949. T. 3, S. 330–350; Černigov, A. M.; Pidotti, O. A.: Putešestvie botanika I. I. Redovskogo v 1806–1807 gg. v Jakutiju i k Ochotskomu morju. In: *Botaničeskij žurnal* 59.1974:3, S. 451–457; Čerkaźjanova, I. V.: Ob „imenii" ėkspedicii ad'junkta Peterburgskoj Akademii nauk I. I. Redovskogo. In: *Nauka i technika. Vopr. istorii i teorii.* St. Peterburg 2002, Vyp. 18. Tez. XXIII godič. konf. SPbg. otdelcnija Ros. Nac. kom. po istorii i filosofii nauki i techniki (26–28 nojab. 2002 g.), p. 30–32; Dies.: I. I. Redovskij: Sud'ba učenogo, sud'ba naučnogo nasledija. *Russkonemeckie svjazi v biologii i medicine.* St. Peterburg T. 4.2003, 106–117; Dies.: Rossijskie nemcy vgl. http://rusdeutsch-panorama.ru/ jencik_statja.php?mode=view &site_id=34& own_menu_id=4355. Archiv: Sanktpeterburgskij filial archiva RAN f. 37 (I. I. Redovskij); Rossijskij Gosudarstvennyj Istoričeskij Archiv f. 733 op. 12 d. 17 (1805); d. 119 (1815); d. 452 (1833).

2   Vermutlich seine erste Veröffentlichung war: Auszug aus einem Schreiben des Herrn Redowsky in Memel, nebst einem Verzeichniß von Pflanzen, die bis zu Ende des Augusts 1796 in dem Garten des Herrn Bremer geblühet hatten. In: *Almanach und Taschenbuch für Gartenfreunde.* Leipzig 1798, p. 243. Nach Spasskij war die Familie aus wirtschaftlichen Gründen von Riga nach Memel gezogen; Redowsky sollte ursprünglich Franz heißen, erhielt jedoch bei der orthodoxen Taufe (seine Mutter war wohl Russin) den Namen Johann. – Die sog. Amburger-Datenbank über in Rußland lebende Ausländer bes. im 19. Jh. erwähnt Redowsky, was dem Referenten nur zufällig bekannt wurde; offenbar durch einen Tippfehler bei der Datenerfassung wurde der Name als „Radowsky" statt Redowsky verzeichnet und war damit gut versteckt.
Nach Amburger wurde Redowsky am 1.1.1775 geboren, getauft am 4.1.1775, evangelisch-lutherischer Konfession. Der Vorname des Vaters war Johann, womit sich die Namenswahl für den Sohn erklärt. Die Mutter hieß Luise Koch, so daß die zitierte Überlieferung als Legende abzutun ist.

3   Redowsky nahm sein Studium sehr früh, nämlich 1789, in Königsberg auf, eine Angabe, die durch die Matrikel von Königsberg (ed. v. Georg Erler II, 610) bestätigt wird. Wo er sein Doktorexamen abgelegt hat, ob in Leipzig, wie vermutet wird, ist bislang nicht ermittelt; in der Leipziger Matrikel erscheint sein Name nicht.

Dr. med. Nach der Promotion ging er nach Riga und unterrichtete als Privat-
lehrer in verschiedenen Häusern. Außer Deutsch und Russisch beherrschte er
Englisch, Spanisch, Italienisch, Französisch und Latein.

Anfang 1799 ließ er sich in Moskau nieder. Professor Christian Friedrich
Stephan[4] (1757–1814), Direktor des botanischen Gartens von Gorenki bei
Moskau, machte ihn mit dem Besitzer des Gartens, Graf A. K. Razumovskij[5]
bekannt. 1803 begann Redowsky auf Einladung des Grafen seine Tätigkeit
als Assistent des Direktors. Nachdem Stephan nach Petersburg gegangen war,
wurde er Direktor des Gartens. 1803 veröffentlichte er einen ersten Katalog
des Gartens mit 2846 Species (Redowsky: *Enumeratio plantarum quae in
horto Excellentissimi Comitis Alexii a Razumowsky in pago Mosquensii Go-
rinka vigent*, o.O. 1803. 45 S.)[6], 1804 einen zweiten (ungef. 3500 Species)[7].
1803 lehnte er eine Einladung, an der Weltreise von Adam Johann v. Krusenstern[8] und Jurij Fedorovič Lisjanskij teilzunehmen, ab.

Der Ruf des Gorenki Gartens geht auf die exzellente Arbeit von Professor
Stephan zurück; aber zweifellos hat Redowsky das Werk seines Vorgängers
so effizient fortgesetzt, daß ein Teil des Verdienstes ihm zufällt. Redowskys
Mentor, Joseph Rehmann, hat sich bei seinem Besuch dort 1805 außerordentlich lobend geäußert:[9]

> Dieser Ort ist der gelehrten Welt durch ganz Europa wegen des hier befindlichen bota-
> nischen Gartens berühmt, der bekanntlich an die Seite der ersten Gärten dieser Art ge-
> setzt zu werden verdient. So sehr unsere Gesellschaft auch eilte, so konnte ich doch mit
> einigen Andern dem Triebe nicht widerstehen, dieses naturhistorische Wunderwerk der
> neuen Zeit in Augenschein zu nehmen. Mit Recht kann man dem Institute diesen Eh-
> rentitel geben, wenn man bemerkt, daß in der kurzen Zeit von 10 Jahren der Garten zu
> diesem Reichthume an Gewächsen gebracht, und zu diesem wissenschaftlichen Anse-
> hen erhoben werden konnte. Wer würde vermuthen, daß man hier, mitten in dem

---

4   Stephan studierte Medizin und Philosophie in Leiden und Leipzig; seit 1782 in Russ-
     land, war er in Moskau und Petersburg tätig, wo er Chemie und Botanik lehrte. Vgl.
     International Plant Name Index.

5   Aleksej Kirillovič Razumovskij (1748–1822), Kammerherr, Senator, Botaniker, Ku-
     rator der Moskauer Universität sowie Bildungsminister; vgl. *Russkij biografičeskij
     slovaŕ* 15.1910, 436–443 (P. M. Majkov).

6   Das Russische Biographische Wörterbuch nennt (nach Spasskij) auch eine Ausgabe
     Moskau 1805, mit 72 S. (etwa 4500 Arten enthaltend).

7   Additio quaedam ad Catalogum plantarum septentrionalium. In *Mémoires [...] de
     Moscou* 1804.

8   1770–1846, baltischer Admiral und Forschungsreisender, leitete 1803–1806 die rus-
     sische Weltumsegelung. Vgl. Ratzel, F.: Krusenstern, Adam Johann von. In: *Allge-
     meine Deutsche Biographie* (ADB) 17.1883, 270–274.

9   Vgl. Heissig: *Mongoleireise* (wie Anm. 12), 78 f.

nördlichen Continente, entfernt von den Kenntnissen und manigfaltig scientischen Hülfsmitteln des übrigen Europas, auf dem Wege nach dem öden Sibirien die schönsten Tempel der Flora antreffen und beynahe alle bekannten Schätze der Vegetation des Erdballs in reitzender Vereinigung erblicken kann.

Wir wurden von dem schätzbaren jetzigen Direktor des Gartens, H. Dr. Fischer auf die freundschaftlichste und zuvorkommendste Weise aufgenommen. Nicht immer findet man bei Gelehrten diese liebenswürdige Gefälligkeit und jenes gefällige Äußere, welches der ernsten Wissenschaft das Kleid der Anmuth giebt und dem innern Gehalte tiefer Naturforschung noch mehr Reitz und das gefällige Gewand anziehender Belehrung verleiht. Das Schloß des Grafen ist edel und einfach, es wäre der Sommerresidenz eines Souverains nicht unwürdig. Das Innere entspricht dem Äußern, überall herrscht Simplicität mit Würde, Bequemlichkeit mit stiller Pracht vereint. Vor dem Schlosse ist ein großer Platz, mit einem ansehnlichen Walle und Graben umgeben, in welchem man einige kleine Teiche und ohnlängst angelegte kleine Gebüsche erblickt. Er ist zu seinem Thiergarten bestimmt.

Wir wurden durch das große Portal und das Vorhaus des Schlosses geführt, und traten dann in eine Orangerie, welche unter den Zimmern der ersten Etage angebracht, und über 200 Schritte lang ist. Ein künstlicher Wald, von Orangen und Citronenbäumen, die in drei dichten Reihen stehen, und lange Aleen bilden, umfingen uns und versetzte die Phantasie in die Haine Neapels.

Alle Bäume waren noch voll von Früchten und doch hatten sie in diesem Jahre schon über 3000 zeitige Stükke geliefert. Wir kamen aus derselben auf eine mit Marmorbüsten besetzte Terasse, bewunderten auf einem freien Rasenplatze eine prächtige große Marmorvase und gelangten mitten in einem englischen Parke, über ein Paar chinesische Brücken zu einem ansehnlichen Gebäude, welches die Bibliothek, die Herbarien, und die reichen Saamensammlungen des Grafen enthält. Die Bibliothek ist eine der ansehnlichsten Rußlands und steht im naturhistorischen vorzüglich botanischen Reichthume keiner in Europa nach. ...

Im März 1805, nachdem er Adjunkt für Botanik der Akademie der Wissenschaften zu St. Petersburg geworden war, nahm er an der Gesandtschaftsreise des Grafen Golovkin[10], die nach China bestimmt war, teil; er schloss sich der Reisegesellschaft in Moskau an und reiste über Kazan, Ekaterinburg

---

10   Jurij Aleksandrovič Golovkin (1763–1846), Diplomat, nach der missglückten Gesandtschaft nach Peking Gesandter in Stuttgart, Karlsruhe und Wien und schließlich Mitglied des Staatsrates. Vgl. *Russkij biografičeskij slovaŕ* 5A.1997, 234–235 (gibt die Lebensdaten 1767–1845; die Gesandtschaftsereignisse sind ausgespart). Vgl. Kotwicz, W.: *Die russische Gesandtschaftsreise nach China 1805. Zu Leben und Werk des Grafen Jan Potocki*. Nebst Ergänzungen aus russischen und chinesischen Quellen hg. v. H. Walravens. Berlin 1991. 119 S. 4° (Han-pao tung-Ya shu-chi mu-lu 44.) [Übersetzung der Arbeit von Kotwicz: Frank Golczewski]. Während Golovkin die Gesandtschaft leitete, war Potocki (1761–1815) für den wissenschaftlichen Teil verantwortlich. – H. Walravens (Hrsg.): Alexander Amatus Thesleff (1778–1843): *Tagebuch der Reise durch Sibirien in die Mongolei 1805/06*. Berlin: Staatsbibliothek 2015. 210 S.

und Krasnojarsk nach Irkutsk, wobei er ständig botanisierte. Von Irkutsk aus
bereiste er zusammen mit dem Zoologen Johann Michael Friedrich Adams[11]
(1780–1838) im Spätsommer und Herbst die Baikalufer. Redowsky half dem
Arzt Joseph Rehmann[12] (1753–1831) bei der Identifikation der tibetischen
Drogen, die dieser 1805 in Maimaicheng 買賣城 (heute: Altanbulag, Mongolei)
gekauft hatte. Vgl. dessen *Beschreibung einer Thibetanischen Hand-Apo-
theke. Ein Beytrag zur Kenntniß der Arzneykunde des Orients.* St. Petersburg:
Drechsler 1811. 54 S.[13] Ein Auszug aus einem Brief Redowskys (Kiachta ce
10. Novembre 1805) findet sich in den *Mémoires de la société imp. des naturalistes de Moscou – Zapiski obščestva ispytatelej prirody, osnovannago pri
Imperatorskom Moskovskom universitete* 1.1806, S. 94–96: *Extrait d'une
lettre de Mr. Rédoffsky, membre de la Société, à son Excellence Mr. le Comte
Alexis de Razoumoffsky, Président de la Société.*[14]

Da die Gesandtschaft in Urga zurückgewiesen wurde, unternahm Redow-
sky, nach Irkutsk zurückgekehrt, mit Unterstützung der Akademie eine neue
Reise, nach Kamtschatka und zu den Kurilen, die drei Jahre dauern sollte.
Auf dem Wege untersuchte er die Aldan-Bergkette und das Ochotskische
Ufer, besuchte Udskij Ostrog (heute Udskoe) und Ochotsk und sammelte
Pflanzen, Mineralien, vulkanische Proben und Fische. Anfang 1807 erreichte
er Gižiginsk, wo er unter ungeklärten Umständen ums Leben kam. Nach einer
Version wurde er vergiftet, nach einer anderen ertrank er beim Übergang über
den Fluß Ul'ja. Das *Russkij biografičeskij slovar'* sagt: nach Krankheit. Die

---

11   Adams studierte in St. Petersburg, unternahm mit dem Grafen Musin-Puškin eine
      Reise nach Transkaukasien, begleitete die Golovkin-Gesandtschaft und begab sich
      anschließend von Irkutsk aus nach Jakutien, um ein Mammut zu bergen. Später lehrte
      er Botanik an der Moskauer Medizinisch-chirurgischen Akademie. Vgl. Jessen, C:
      Adam, Johann Friedrich. In: *ADB* 1.1875, 45.
12   Heissig, W.: *Mongoleireise zur späten Goethe-Zeit. Berichte und Bilder des J. Reh-
      mann und A. Thesleff von der russischen Gesandtschaftsreise 1805/06.* Hg. u. mit ei-
      ner Einleitg. Mit 18 Abb. im Text u. 44 Farbtafeln. Wiesbaden 1971. 177 S. (VOHD;
      Suppl. 13.); der Maler Andrej Efimovič Martynov, der die Gesandtschaftsreise eben-
      falls begleitet hatte, publizierte daher sein eigenes Reisewerk: *Živopisnoe putešestvie
      ot Moskvy do kitajskoj granicy.* St. Petersburg: A. Pljušar 1819. 67 S., 30 Taf. – zu
      Rehmann vgl. auch Walravens, H.: Zum Werk des Arztes und Ostasienforschers Jo-
      seph Rehmann. In: *Sudhoffs Archiv* 67.1983, 94–106.
13   Vgl. Bretschneider, E.: Botanicon Sinicum. In: *Journal of the North China Branch of
      the Royal Asiatic Society* 16.1881, 103.
14   Der Band enthält ein sauber gestochenes Porträt Razumovskijs. Spasskij druckt den
      Briefauszug in russischer Sprache ab.

Nachricht von Redowskys Tod sandte Georg Heinrich Langsdorff[15] (1774–1852), der Redowsky in Kamtschatka erwartet hatte, an die Akademie. Redowsky wurde am rechten Ufer der Gižiga begraben, in der Befestigung nahe der Holzkirche. Das Grab ging im Zusammenhang mit einem Einsturz des Ufers im Jahre 1849 verloren.[16]

Redowsky war Mitglied der Jenaer Gesellschaft der Naturforscher (1802), der Freien Ökonomischen Gesellschaft (1805) und der Moskauer Gesellschaft der Naturforscher (1806).

Einzige Erbin Redowskys war seine Schwester Anna Florentine, vereh. Bernis in Memel, später in Berlin. Die sibirischen Pflanzensammlungen Redowskys befinden sich im Botanischen Institut der Akademie der Wissenschaften (im Bestand von Chamisso); das Herbarium gelangte ursprünglich durch Chamisso[17] nach Deutschland.[18] 1841, nach dessen Tod, erwarb es die Petersburger Akademie der Wissenschaften. Mit dem Herbarium arbeiteten

---

15　Arzt und Naturforscher, Teilnehmer der Krusensternschen Weltumseglung, dann Adjunkt der Petersburger Akademie der Wissenschaften, russischer Generalkonsul in Brasilien, das er auch als Forscher bereiste. Vgl. Ratzel, F.: Langsdorff, Georg Heinrich Freiherr von. In: *ADB* 17. 1883, 689–690.

16　Vgl. auch die Darstellung im Botanical Magazine: „Redowsky, when he returned from Irkutsk went to Jakutsk, and passing over the chain of the lofty Aldan Mountains, arrived at Oudsky-Ostrog. There, coasting along, he reached Okhotsk, where he remained till the period for travelling by sledges arrived, in order to follow the instructions of the Academy by proceeding to Kamtschatka whence he was directed to attempt making successive excursions to the Aleutian and Kurile Isles, as well as those of Schantar and Sachalin. A most toilsome and harrassing journey brought him to Ischiginsk, where he miserably closed his mortal career. His collections have been chiefly lost, a small portion however remains with the Academy and another having fallen into the hands of M. Chamisso when he resided in Kamtschatka. This great Botanist has published several of its rarest and most interesting species. Many other novelties, collected by Redowsky, have been described by the Academician Rudolphi.” (*Progress of Botany in Russia. Companion to the Botanical Magazine* 1.1835, 183).

17　Adelbert von Chamisso (1781–1838), Dichter und Naturforscher, nahm 1815–1818 an der russischen Weltumseglung unter Otto von Kotzebue als Wissenschaftler teil, wobei er als erster sich intensiv mit der hawaiianischen Sprache befasste. 1833 wurde er als Nachfolger D. F. L. Schlechtendals (1794–1866) Leiter des Berliner Botanischen Gartens. Vgl. Mähly, J. A.: Chamisso, Adelbert von. In: *ADB* 4.1876, 97–102.

18　Vgl. Chamisso, A. von: *Reise um die Welt*, Kap. 9: „Von einem Naturforscher und Sammler, von Redowsky, der in diesem Winkel der Erde ein unglückliches Ende nahm, rührten ein paar kleine Kisten her, die getrocknete Pflanzen und Löschpapier enthielten, und womit Herr Rudokow [Leutnant, Kommandeur von Petropavlovsk] mir ein Geschenk machte.“ (Dort auch Hinweis auf in Kamtschatka gefundene Bücher Klaproths mit seinem Siegel.)

deutsche und russische Gelehrte: Johann Georg Christian Lehmann[19] (1792–1860), Carl Maximowicz[20] (1827–1891), C. B. Trinius[21], Moskau (1778–1844), Friedrich Ernst Ludwig von Fischer[22] (1782–1854), Adelbert VON Chamisso u.a. 1805 benannte Carl Friedrich (von) Ledebour[23] (1786–1851) eine neue Species *Artemisia redowskyi Ledeb.* Insgesamt wurden 15 neue Species[24] nach Redowsky benannt sowie ein Genus *Redowskia Ch. et Schl. (Cruciferae/Brassicaceae).* Das Russische Biographische Wörterbuch erwähnt auch: *Andromeda Redowskiana Ch. et Schl.* sowie *Campanula Redowskiana Cham.* Das Tagebuch Redowskys gelangte in die Akademie der Wissenschaften im Jahre 1809, wurde aber erst im 20. Jh., transkribiert und übersetzt blieb aber bis jetzt unpubliziert. Einzelne von Redowsky gesammelte Belege wurden von J. H. Rudolph[25] bearbeitet. Vgl. z. B. *Descriptio botanica novae speciei Myosotidis.* In: *Mémoires de l'académie imp. des sciences de St. Pét.* 1.1803–06, 349–354; *Descriptio botanica novae speciei Fumariae,* ebd., 379–383.

Zum Reisejournal
Das Reise-Journal Redowskys wird erwähnt in *Mithridates oder allgemeine Sprachenkunde mit dem Vater unser als Sprachprobe in bey nahe fünf hundert Sprachen und Mundarten,* von Johann Christoph Adelung, Hofrath und

---

19   Der Botaniker Lehmann promovierte 1813 in Medizin und 1814 in Philosophie und wurde 1818 Professor für Physik und Naturgeschichte am Akademischen Gymnasium in Hamburg. Vgl. Wunschmann, E.: Lehmann, Johann Georg Christian. *ADB* 18.1883, p. 143145.

20   Der Botaniker Maximowicz, 1827–1891, studierte Botanik in Dorpat und wurde Mitarbeiter, später Direktor des Petersburger Botanischen Gartens. Er beschäftigte sich intensiv mit der Flora Ostasiens und des Amurlandes. Vgl. Bretschneider, E.: *History of European botanical discoveries in China.* St. Petersburg 1898, p. 1066–1075.

21   Carl Bernhard Trinius (1778–1844), Arzt, Botaniker und Dichter, Gründer des Botanischen Museums in St. Petersburg, Prinzenerzieher und Leibarzt. Vgl. Fischer, M.: *Russische Karrieren.* Aachen 2010, p. 262–265.

22   Fischer (1823–1850), Direktor des Botanischen Gartens in St. Petersburg. Vgl. Bretschneider: wie Anm. 20, p. 316–321.

23   Ledebour war 1811–1836 Professor der Botanik in Dorpat und Gründer und Leiter des dortigen botanischen Gartens. Er wurde besonders durch seine *Flora altaica* (1829–1834) und seine *Flora rossica* (1841–1853) bekannt. Vgl. Russow, E.: Ledebour, Karl Friedrich von. In: *ADB* 18.1883, p. 111.

24   Der *International Plant Names Index* weist insges. 61 Species und Varietäten nach.

25   Johann Heinrich Rudolph (1744–1809) promovierte 1781 in Jena zum Dr. med., seit 1783 Professor der Botanik in St. Petersburg, seit 1804 Mitglied der Akademie der Wissenschaften. Vgl. *International Plant Name Index.*

Ober-Bibliothekar zu Dresden. Mit wichtigen Beyträgen zweyer großen Sprachforscher fortgesetzt von Dr. Johann Severin Vater, Professor der Theologie und Bibliothekar zu Königsberg. Vierter Theil. Berlin 1817, 222–223, 243.

Dort heißt es S. 222–23:

> „In Dr. Redowsky's handschriftlichem Journal finde ich folgende Schilderung der Tungusen: Sie haben platte Gesichter, hervorstehende Backenknochen, kleine lebhafte Augen. Die Weiber sind fast durchgehends häßlicher als die Männer. Die Tungusen sind größten Theils unter der mittelmäßigen Größe und von schwachem Körperbau. Im Reden sind sie sehr lebhaft, und begleiten alle ihre Äußerungen mit Gestikulationen, die zuweilen sehr ins Lächerliche fallen. Sie sind ein gutmüthiges, harmloses Volk, das leicht zürnt, aber auch wieder eben so schnell Beleidigungen vergibt. Sie bekümmern sich nicht um die Zukunft, und sind nicht arbeitsam, weil sie sich die Bedürfnisse ihres Lebens, Fische und Felle, leicht und ohne Mühe verschaffen können. Die Gegenstände ihres Luxus, Tabak und Branntwein, erhalten sie von den Russen. Den Branntwein lieben sie besonders; für ein Bierglas voll werden oft zehn und mehrere Felle Grauwerk gegeben.
>
> Die zu Yamsk, einem Flecken von 115 Einwohnern, wohnenden Tungusen und Koräcken, betrachten diesen öden Erdenwinkel als ein Paradies, und verheirathen ihre Kinder nicht einmahl nach Ochozk hin, weil es nach ihrer Meinung kein glücklicheres Land auf der Erde gibt als Yamskoi Krepost.
>
> S. 243: [Über die Tschuktschen] Man versichert, dass gegen über Tschutschkoi-Noß auf dem festen Lande von Amerika ein bis jetzt unbekannter Völkerstamm wohne, mit welchem die Tschuktschen, mittelst der in der Bering-Straße gelegenen Inseln, zuweilen Verkehr haben sollen, ob sie gleich nicht mit ihnen sprechen können. Der Tauschhandel geschieht nach gegenseitiger Zufriedenheit, indem jeder zu seiner Waare zulegt oder abnimmt, bis beyde Parteyen überein kommen. Sprache und Herkunft dieses räthselhaften Volks sind weiter nicht bekannt.[26]

---

26   Es handelt sich hier um einen schon in der Antike verbreiteten Topos der Reiseliteratur; vgl. Reichert, F. E.: *Begegnungen mit China.* Sigmaringen 1992, 41–44.

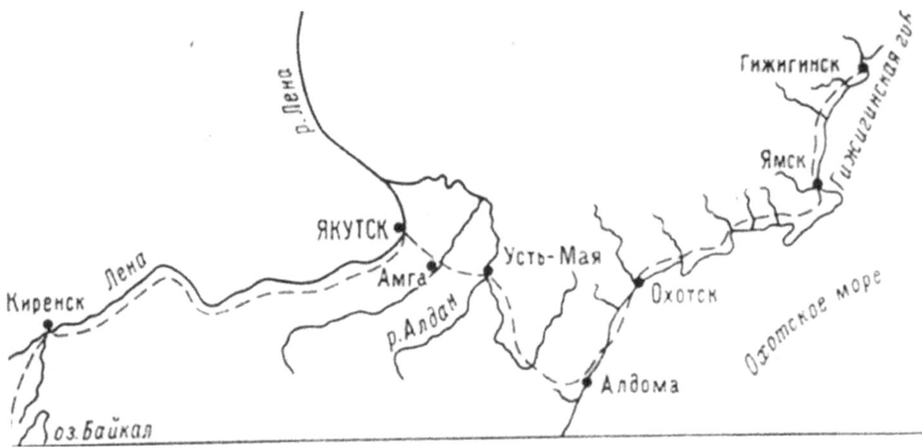

Abb. 1: Redowskys Reiseroute
nach Černigov/Pidotti in *Botaničeskij žurnal* 1974

Der hier vorgelegte Reisebericht Redowskys dürfte eine Abschrift des Origi-
nals sein, das sich, wie berichtet, im Archiv der Akademie in St. Petersburg
befindet. Sie wurde wohl von Joseph Rehmann in Auftrag gegeben und
stammt von einem Kopisten, dem Duktus nach zu schließen. Des Lateini-
schen war er wohl unkundig, denn viele Wörter sind (etwas ungelenk) korri-
giert, vermutlich von Rehmann selbst. Rehmann war Mitglied des wissenschaftlichen Teams der Golovkin-Gesandtschaft und hatte Redowsky für die
Teilnahme empfohlen, wofür dieser sich durch Mitarbeit an Rehmanns Arbeit
erkenntlich zeigte, so bei der Identikation einer *Thibetanischen Hand-Apo-
theke*. Nach der Rückkehr nach Petersburg plante Rehmann ein größeres Rei-
sewerk, von dem schließlich nur Bruchstücke in Aufsatzform veröffentlicht
wurden; offenbar dachte der Autor an ausgiebige Illustration, was jedoch
seine finanziellen Mittel überstieg. Auch Redowskys Reisebericht gehörte in
den Kontext des vorgesehenen Materials. Der nachfolgende Text beruht auf
dieser Abschrift.[27] Der Text ist im Folgenden originalgetreu wiedergegeben;
lediglich einige offensichtliche Schreibfehler des Kopisten sind still-

---

27   Franke, H.: Unveröffentlichte Reiseberichte und Materialien über Sibirien, die Mon-
      golei und China. (Der handschriftliche Nachlaß Dr. J. Rehmann's in der Fürstlich-
      Fürstenbergischen Hofbibliothek Donaueschingen). In: *Sinologica* 3.1953, 31–36.
      Die Fürstenbergische Bibliothek hat in der Zwischenzeit ihren Handschriftenbestand
      veräußert; so befindet sich Redowskys Reisetagebuch nun in der Württembergischen
      Landesbibliothek, Stuttgart.

schweigend berichtigt. Anmerkungen des Hrsg. [HW] sind in eckige Klammern gesetzt.

Das Ms. hat 79 fol. in Reinschrift und reicht bis zum 15. Aug. Der zweite Teil ist als Konzept erhalten.

Die Reisebeschreibung ist sachlich und im Tagebuchformat gehalten, so dass sich die Tagereisen gut verfolgen lassen. Neben den allgemeinen Eindrücken der Landschaft und der Bewohner liegt der Schwerpunkt auf geologischen und botanischen Details. Auch an kritischen Äußerungen fehlt es nicht – so wundert sich Redowsky über die ungeschlachte Bauart der Fahrzeuge und darüber, dass keine Segel verwendet wurden. Von besonderem Interesse sind Mitteilungen über den Gesundheitszustand der jakutischen Bevölkerung und die Bemühungen um eine generelle Einführung der Pockenimpfung. Letztere war ein spezielles Anliegen seines Mentors Rehmann. Der besondere Wert des Berichts liegt darin, dass er eine der ersten wissenschaftlichen Beschreibungen – wenn nicht gar die erste überhaupt – dieses Reisewegs ist. Lediglich die Strecke nach Jakutsk hatte Johann Georg Gmelin früher zurückgelegt und beschrieben (s.u.)

Der zweite Teil (36b–79a) folgt nicht der tagebuchartigen Darstellung des ersten, sondern faßt des Autors Eindrücke von den Jakuten monographisch zusammen; die Gliederung zeigt schon den durchweg ethnologischen Ansatz: *Aufenthaltsort und Anzahl der Jakuten. Abkunft der Jakuten und ihre Unterwerfung dem Russischen Zepter. Körperliche und geistige Eigenschaften der Jakuten. Unreinlichkeit. Ihre Wohnungen und Geschirre. Speisen und Getränke. Begräbniß der Jakuten. Von ihrer Kleidung. Geburt und Erziehung. Viehzucht, Jagd, Gewerbe. Von ihrer Brautwerbung und Hochzeiten. Von ihren Festen und Belustigungen. Zeitrechnung und Gestirne. Religion und Schamanen.*

Da sich Redowsky eine Zeitlang in Jakutsk aufgehalten hat, bot sich ihm die Möglichkeit, umfassende Informationen einzuziehen. Aber manches scheint auf unmittelbarer Anschauung und Erfahrung zu gründen. An einer Stelle betont der Autor, daß er das Berichtete persönlich erlebt hat; aber auch die vielfach detaillierte, unmittelbare Art der Beschreibung weist darauf hin, daß vieles aus erster Hand mitgeteilt wird. Frühere Reisende erwähnt Redowsky nur an einer Stelle, ohne Namensnennung; damit motiviert er den Verzicht darauf, die „Gaukeleyen" der Schamanen erneut darzustellen, denn diese finden sich ausgiebig in Gmelins Sibirischer Reise. Ungewöhnlich mutet das Kapitel „Unreinlichkeit" an – nicht die Tatsache der mangelnden Hygiene an sich, sondern die schon durch die Überschrift gegebene Betonung zeigen, daß er sich hier als Arzt besonders angesprochen fühlte. Bemerkens-

wert ist auch die detaillierte Angabe der jeweiligen Hochzeitsgaben und Aus-
steuern (mit Preisangaben), anschaulich die Schilderung der Übernachtung
eines Jägers im Winter. Die Beschreibung eines unter Verwendung von Kuhmist hergestellten Mörsers ist insofern interessant, als dessen Existenz in späterer Sekundärliteratur in Frage gestellt worden ist.

Kurze Übersicht über die Jakutenforschung im 19. Jahrhundert
Die Erforschung der Jakuten beginnt mit Johann Georg Gmelin; zwar hatte
schon Strahlenberg wertvolle Hinweise gegeben und Messerschmidts Material wäre sicherlich weiterführender gewesen, wenn es denn besser überliefert
wäre. Gmelin schreibt relativ objektiv, fällt abgewogene Urteile und be-
schreibt genau. So hat sein Werk bis heute großen Wert. Überblickt man die
folgende chronologische Zusammenstellung, so wird deutlich, daß die nächste umfassende Darstellung mit bedeutendem Quellenwert die von Middendorff ist. Sie ist überdies durch Böhtlingks linguistische Untersuchung ange-
reichert, womit erstmalig das Jakutische wissenschaftlich-kritisch behandelt
wurde. Diese zeitliche Lücke füllt nun Redowsky. Da hier weder Raum noch
Zeit für eine eingehendere Erörterung von Redowskys Mitteilungen vorhanden ist, ist das Hauptanliegen des Herausgebers diese interessante kleine Monographie nach mehr als 200 Jahren erstmals zu veröffentlichen ...

Johann Philipp Strahlenberg (1677–1747, 1711–1721 als Verbannter in Tobolsk): *Das Nord-
und östliche Theil von Europa und Asia.* Stockholm: Autor 1730, 375–378
... einige wertvolle Nachrichten über die Sitten der Jakuten. Der Verfasser stützt sich auch
teilweise auf die Aussagen der dortigen russischen Ansiedler, ohne sie selbst nachzuprüfen.
Übrigens war sein Aufenthalt in Jakutien zu kurz, um eine gründliche Kenntnis der Volks-
sitten zu gewinnen. Daher die teilweise sich widersprechenden Angaben. (Chodzidlo[28] 43)

Daniel Gottlieb Messerschmidt (1685–1735, Arzt): *Forschungsreisen durch Sibirien 1720–
1727.* Hrsg. von E. Winter und N. A. Figurovskij. Berlin: Akademie Verlag 1962–1977. 5
Bde.
Ein Teil von Messerschmidts Tagebüchern ging bei einem Schiffbruch verloren. Er wurde
zeitweilig von Strahlenberg begleitet.

Johann Georg Gmelin (1709–1755): *Reise durch Sibirien in den Jahren 1733–1743.* Göttingen: Witwe Vandenhoeck 1751–1752. Band II. 652 S.
Er reiste im Jahre 1736 von Ilinsk nach Ust-Kuta, sodann nach Ust-Iglinskij, besuchte die
Ilga-Mündung, Witimsk und Jakutsk, von wo aus er im Juli des folgenden Jahres die Lena
aufwärts fuhr; somit dauerte sein Aufenthalt in Jakutien immerhin ein Jahr. Seine zeichnen

---

28   Vgl. Theophil Chodzidlo: *Die Familie bei den Jakuten.* Freiburg (Schweiz): Paulus-
      verlag 1951. 462 S.

sich durch kritische Genauigkeit aus. (Chodzidlo 43) Ein Teil von Gmelins Aufzeichnungen ging bei einem Brand verloren. Das Reisebuch erschien gegen den Willen der russischen Regierung.

Gavriil Andreevič Saryčev (1763–1831, Seefahrer und Hydrograph): *Achtjährige Reise im nordöstlichen Sibirien und auf dem Eismeere und dem nordöstlichen Ozean.* Leipzig: Rein 1805–06. XXIV, 190; XII, 196 S.
Bd 1. enthält einige wertvolle Angaben über Wirtschaft, Wohnung und Soziologie der Jakuten. Die Hauptaufgabe Saryčevs bestand in der kartographischen Aufnahme des Landes; die Erforschung der Eingeborenen war nur eine Nebenbeschäftigung. (Chodzidlo 43)

Ferdinand de Wrangell (1796–1870): *Le Nord de la Sibérie. Voyage parmi les peuplades de la Russie asiatique et dans la mer glaciale.* Traduction par le Prince Galitzin. Paris: Amyot 1843. XXXV, 382; 393 S.
Wrangell widmete sich ... vor allem den geographischen Untersuchungen des Landes, und die spärlichen ethnographischen Angaben beziehen sich auf die nördlichen Jakuten. Seine Reise (1820–1823) führte ihn von Jakutsk nach Sredne- und Nischne-Kolymsk und von dort an das Eismeer und in die östlichen Gebiete der Indigirka. (Chodzidlo 44)
Vgl. auch: *Reise des kaiserlich-russischen Flotten-Lieutenants Ferdinand v. Wrangel [Ferdinand Baron von Wrangell] längs der Nordküste von Sibirien und auf dem Eismeere, in den Jahren 1820 bis 1824.* Berlin: Voss 1823–1824. 2 Bde.

Adolf Erman (1806–1877, Physiker): *Reise um die Erde durch Nord-Asien und die beiden Ozeane in den Jahren 1828–1830.* Berlin: Reimer 1833–1848. Bd 2.
Die Berichte [über die Jakuten; die Reise ging von Jakutsk nach Ochotsk] sind gewiß wertvoll, wenn auch bisweilen ungenau. Sein Aufenthalt in Jakutien war sehr kurz, nur einige Monate. Seinen linguistischen Ausführungen spricht Böhtlingk den wissenschaftlichen Wert ab. (Chodzidlo 44)

Nikolaj Semenovič Ščukin (1792–1883, Schriftsteller, Pädagoge): *Poezdka v Jakutsk.* St. Petersburg: Vingeber 1844. 231 S.
Sehr wertvolles ethnographisches Material. S. besuchte dreimal Jakutien, und zwar im Jahre 1829, 1830 und 1840. Nach jeder Reise veröffentlichte er seine Berichte in Form von Briefen.

Alexander Theodor von Middendorff (1815–1894, Zoologe): *Reise in den äußersten Norden und Osten Sibiriens.* Bd. 4, Theil 2,3. St. Petersburg: Akademie der Wissenschaften 1875. S. 1396-1615, XVI Taf.
Zuverlässiges und reiches ethnographisches Material (2. Teil des 4. Bandes), bes. über die südlichen Jakuten (Chodzidlo 45)

Otto Böhtlingk (1815–1904, Indologe): *Über die Sprache der Jakuten.*
= Middendorff: Reise in den äußersten Norden und Osten Sibiriens. Bd. 3. St. Petersburg: Akademie der Wissenschaften 1851. LIV, 397; 178 S.
Grundlegende Studie über das Jakutische.

Richard Maack (1825–1886, Pädagoge und Naturforscher): *Viljujskij okrug jakutskoj oblasti.*
St. Petersburg 1887, dreibändige Monographie, Frucht seiner Forschungsreise im Jahre
1854–55. Der Forscher bekennt auf richtig, daß er anfangs die jakutische Sprache kaum ver-
stand und auch wenig nähern Verkehr mit den Eingeborenen hatte; jedoch bemühte er sich,
den Charakter derselben zu verstehen und seine Beobachtungen treu aufzuzeichnen. Der Vergleich seiner Berichte mit denen der späteren Jakutienforscher zeigt, daß er doch ziemlich
zuverlässiges Material darbietet. Seine Forschungsreise ging von Jakutsk zur Mündung des
Wiluj, längs diesem Flusse zur Igetta, zu den Quellen des Olenek und Wiluj nach Ssuntar am
Wiluj. (Chodzidlo 45)

Gerhard Baron v. Maydell (1835–1894): *Reisen und Forschungen im jakutischen Gebiet
Ostsibiriens in den Jahren 1861–1871.* St. Petersburg: K. Akademie der Wissenschaften
1893–1896. 2 Bde.
(Beiträge zur Kenntnis des Russischen Reiches und der angrenzenden Länder Asiens. IV, 1–
2.)
Die Ethnographie ist allerdings im Vergleich zu dem geographischen und geschichtlichen
Teil unvollständig, wenn auch das ethnographische Material, das über das ganze Werk ver-
streut ist, zuverlässig und wertvoll ist. Es dürfte wohl keinen zweiten Jakutienforscher geben
(ausgenommen die politischen Verbannten), der sich mehr als 10 Jahre in Jakutien aufhielt,
das Land mehrmals in verschiedenen Richtungen durchquerte, und über Mittel verfügte, die
die Forschungsreise erfolgreich gestalteten. (Chodzidlo 46)

Wacław Sieroszewski (1858–1945, Schriftsteller): *Jakuty. Opyt étnografičeskogo izsledova-
nija.* T. 1. St. Petersburg: Udelov 1896. XII, 719 S.
Als 22jähriger politischer Verbannter kam S. im Frühling 1880 nach Jakutsk. Anfang April
setzte er seine Reise nach Werchojansk fort, wo er bis zum Jahre 1883 blieb. Mittlerweile
machte er kleine Ausflüge in die Umgebung der Stadt und eine große Fahrt im Kahn auf der
Jana zum Eismeer und zurück zu Fuß. Im März des Jahres 1883 begab er sich nach Sredne-
Kolymsk und nach Andyllach und zurück. Im Jahre 1885 reiste er nach Jakutsk und von da
in den 3. Bajatangajsk-Ulus. Im Jahre 1887 übersiedelte er nach dem Namskij-Ulus, wo er
bis zum Jahre 1892 verblieb. In diesem Jahr verließ er nach 12jährigem Aufenthalt Jakutien
und widmete sich in der Irkutsker Bibliothek 18 Monate dem Studium der ziemlich umfang-
reichen Literatur über das jakutische Gebiet. Im Jahre 1896 erschien der 1. Band der Monographie Jakuty mit der Widmung an den todkranken Erforscher Sibiriens Middendorff; der
zweite Band, der die Religon, Ethik und Mythologie behandeln sollte, ist überhaupt nie erschienen. Im Jahre 1900 aber erschien in Warschau [gründlich überarbeitet] *12 lat w kraju
Jakutów.* (Chodzidlo 48)

Vasilij L'vovič Priklonskij (1852–1898): Das Schamanentum der Jakuten.
Mitteilungen der Anthropologischen Gesellschaft in Wien 18.1888, 165–182
O šamanstve u jakutov. *Izvestija Vostočno-Sibirskogo Otdela Russkogo Geografičeskogo
Obščestva,* 17.1886, 84–118 – Die deutsche Zusammenfassung der beiden Arbeiten stammt
übrigens von dem für seine Erforschung erotischer Folklore bekannten Wiener Ethnologen
Friedrich S. Krauß (1859–1938).

Vasilij L'vovič Priklonskij (1852–1898): Totengebräuche der Jakuten. *Globus* 59.1891, 81–85

Aus: Tri goda v Jakutskoj oblasti. *Živaja Starina* 1890, Vyp. 1, S. 63–83; Vyp. 2, S. 24–37, 37–54; 1891, Vyp. 2, S. 43–84, Vyp. 4, S. 43–66

Ohne speziell-ethnologische Vorbildung kam der Verfasser als Beamter in die Eingeborenen-Administration und als Erforscher der Lebensbedingungen der Eingeborenen im Jahre 1881 nach Jakutien, wo er drei Jahre sein Amt verwaltete. Die Verhältnisse erlaubten ihm, das jakutische Volk gut kennen zu lernen. Vier Monate verbrachte er auf der Forschungsreise im Küstengebiet am Eismeer. Aus eigener Erfahrung kannte er wenigstens die Bezirke Werchojansk und vor allem Jakutsk. (Chodzidlo 47)

Der letzte Teil von Johann Redowskys Reisebericht umfaßt den Weg von Jakutsk nach Ajan. Ob darüber hinaus noch Aufzeichnungen über die weitere Reise über Ochotsk nach Gižiginsk, wo der Forscher den Tod fand, erhalten sind, ist nicht bekannt.

Der Text hat im Original eine neue Seitenzählung, die jeweils halbfett angegeben ist.

Ähnlich wie im zweiten Teil des Berichts hat Redowsky hier seine gesammelten Informationen über die Tungusen (Ewenken) zu einer kleinen Monographie zusammengefaßt, die in Aufbau und Darstellung viele Ähnlichkeiten zu der über die Jakuten aufweist und sich daher für einen historisch-ethnographischen Vergleich anbietet, was jedoch berufeneren Forschern überlassen sei.

Wiederum wird ausgiebig auf die botanische Ausbeute des Reisewegs eingegangen. Während die Reiseroute von Jakutsk über Amga und Ust'-Majsk nach Ajan sich auf gängigen Atlanten nachverfolgen läßt, wurde eine zeitgenössische Karte, die die Stationen und sämtliche topographischen Namen enthält, bislang nicht ermittelt.

Pflanzennamen werden gewöhnlich lateinisch nach der Linnéschen Nomenklatur gegeben; bei Unklarheiten kommen lateinische Bemerkungen hinzu, wie: „unbekannte Art", „mit gelben Blüten", „mit ausgefranster weißer Blüte"; verschiedentlich wird eine ausführlichere Beschreibung eingerückt. Tiernamen werden häufig auf russisch gegeben, so daß anzunehmen ist, daß der Forscher die Mitteilung von Einheimischen weitergibt. Die Umschriften sind nicht sehr genau, z.B. tschuki statt ščuki; auch wird verschiedentlich aussprachegemäß unbetontes o durch a wiedergegeben.

Gelegentlich werden kritische Bemerkungen eingeflochten, so wenn es um die Vernachlässigung der Wege geht, und Verbesserungsvorschläge gemacht, so bezüglich der Landwirtschaft.

An einer Stelle bricht gar der Humor durch:

„Im Winter aber und bey größeren Zügen auf die Jagd tragen sie Mützen, die gewöhnlich von einem wilden Ziegenkopfe abgezogenen Haut gemacht sind. Daran werden bey der Verfertigung nicht nur die Ohren der Ziege, sondern selbst, wenn der Kopfschmuck von jungen Ziegen ist, auch die kleinen Hörner gelassen, welche dann hier als eine wahre sichtliche Zierde hervorragen, die bey unsren europäischen Männern zuweilen unsichtbar sind."

Ähnlich wie im zweiten Teil des Berichts über die Jakuten hat Redowsky hier seine gesammelten Informationen über die Tungusen (Ewenken) zu einer kleinen Monographie zusammengefaßt, die in Aufbau und Darstellung viele Ähnlichkeiten zu der früheren aufweist und sich daher für einen historisch-ethnographischen Vergleich anbietet, was jedoch berufeneren Forschern überlassen sei.

Einige Worte zur Entwicklung der Tungusenforschung:
Zu den frühen Beiträgen auf diesem Gebiet gehört ein Manuskript aus dem frühen 18. Jahrhundert, das aber erst in neuerer Zeit bekanntgemacht wurde. Eine deutsche Ausgabe existiert bislang nicht:
Jakob Lindenau: *Opisanie narodov Sibiri; (pervaja polovina XVIII veka); istoriko-ėtnografičeskie materialy o narodach Sibiri i Severo-Vostoka.* Magadan: Magadanskoe Knižnoe Izdat. 1983. 175 S.
Der bedeutende Forscher Peter Simon Pallas (1741–1811) hat in seiner *Reise durch verschiedene Provinzen des Russischen Reichs. In denen Jahren 1772–1773.* T. 3. Frankfurt 1778. 488, 80 S., lediglich die „Daurischen Tungusen" kurz behandelt (III, 196–200).
Demgegenüber hat Georgi (1729–1802) den Tungusen eine kleine sachlich geordnete Monographie gewidmet (S. 306–325): Johann Gottlieb Georgi: *Rußland. Beschreibung aller Nationen des rußischen Reiches, ihrer Lebensart, Religion, Gebräuche, Wohnungen, Kleidungen und übrigen Merkwürdigkeiten*: in zween Bänden. Leipzig 1783. [2] Bl., XII S., [3Bl., 271 S.; S. 274–530 S., [5] Bl.; Kupfer, 95 Bl.: 1776–1781.
Danach hat sich erst Middendorff wieder ausführlich mit den (südlichen) Tungusen befaßt: Alexander Theodor von Middendorff (1815–1894, Zoologe): *Reise in den äußersten Norden und Osten Sibiriens.* Bd. 4, Theil 2,3. St. Petersburg: Akademie der Wissenschaften 1875. S. 1377–1422: Tungusen
Es sei noch eine Dorpater Dissertation zum Thema erwähnt:
Karl Hiekisch: *Die Tungusen. Ein ethnologische Monographie.* St. Petersburg: Akademie der Wissenschaften 1879. II, 120 S.

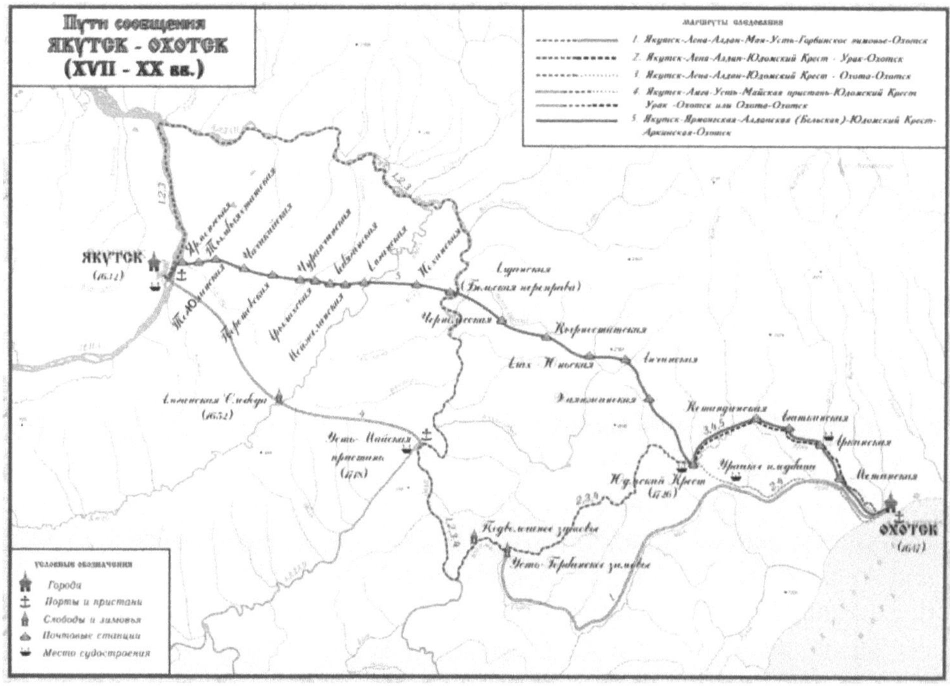

Übersichtskarte der Reisewege von Jakutsk nach Ochotsk (zitiert nach
http://ic.pics.livejournal.com/odynokiy/14027220/733208/733208_origi-
nal.jpg)

Ähnlich wie bei den Jakuten zeigt sich auch hier, daß Redowskys Bericht eine
Lücke füllt, zwischen Georgi und Middendorff ... Insofern ist es bedauerlich,
daß die Reisebeschreibung seinerzeit nicht erschienen ist.

Im Anschluß an die „Tungusen-Monographie" wird noch kurz die Reise
vom „Aldamschen Hafen" nach Norden an der Küste entlang geschildert.
Aber die Darstellung bricht nach wenigen Tagen ab, da Redowsky eine Rei-
segelegenheit mit einem Boot nach Ochotsk fand.

In einer Beschreibung der Bestände des Akademiearchivs[29] findet sich folgende Darstellung:

---

29   Der Titel liegt mir nicht vor, lediglich eine Kopie der Beschreibung des Bestandes
       „Redovskij". Quelle? S. 106–107.

„Redovskij, Ivan Ivanovič (Fond 37)

Geb. in Memel am 1. Januar n. St. 1774, gest. in Gižiginsk am 8. Febr. 1807; Doktor der Medizin, Adjunkt für Botanik – 27. März 1805

Die Materialien des Bestandes betreffen vornehmlich die Expedition Redowskys 1805–1807 zusammen mit der Gesandtschaft des Grafen Ju. A. Golovkin nach China. Darunter befinden sich: das mathematische Reisejournal mit Bemerkungen des Landmessers Ivan Koževin[30], die Instruktion der Akademie der Wissenschaften für den Landmesser Koževin unterschrieben von N. I. Fuß[31], kurze Vorschrift für den Reisenden für den botanischen Teil, unterschrieben vom Akademiker T. A. Smelovskij[32]; Vorschrift zur Beschreibung von Tieren auf Kamtschatka, unterschrieben vom Akademiker A. F. Sevast'janov[33], vom Grafen Ju. A. Golovkin unterzeichnete offizielle Schreiben, die Expedition betreffend; Schriftstücke und Dokumente, die Redowsky zur Zeit der Expedition von Irkutsk nach Jakutsk von verschiedenen Gorodičnyj und Kommissaren mit Beschreibung einiger sibirischer Städte und Angabe ihrer Einwohnerzahl erreichten; Ansicht des Dorfes Amga, Jakutien (Aquarell [vielm.: Tuschezeichnung]); Entwürfe der Berichte Redowskys an die Akademie der Wissenschaften 1805–1805, der Absendung von Briefen, ein Reiseplan; ein Buch der ausgehenden Papiere, eine Kladde mit den Ausgaben der Expedition, das Manuskript des Tagebuchs Redowskys mit dem Titel: Johann Redofski. *Tagebuch einer in den Jahren 1805 und 1806 von Kiachta nach Urga und von Jakutzk nach Ischiginsk unternommenen Reise* und verschiedene Handschriften Redowskys zur Zoologie, Botanik, Wegbeschreibung, der Gebirgsarten usw. Außerdem befinden sich im Bestand Materialien betreffend den Tod Redowskys, insbesondere Verzeichnisse der hinterlassenen Bücher und Instrumente, die Sie Sammlung von Kräutern und Gewächsen und die Kopie eines Verzeichnisses der auf eine Auktion gegebenen Sachen Redowskys. Die Materialien des Bestandes haben

---

30   Landmesser und Zeichner aus Irkutsk, 1771–1826-? Er diente Redowsky vor allem
        als Dolmetscher für Jakutisch und Tungusisch.
        Vgl. http://irkipedia.ru/content/kozhevin_ivan_efimovich

31   Nikolaus (Nikolaj Ivanovič) Fuß, Basel 29. Jan. 1755–4. Jan. 1826 St. Petersburg,
        Mathematiker, Akademiker seit 1783. Vgl. *RBS* 21.1901, 255.

32   Timofej Andreevič Smelovskij, 1. Juli 1771–21. Okt. 1815 St. Petersburg, Botaniker
        und Arzt, seit 1803 Akademiker. Vgl. *Bol'šaja biografičeskaja ènciklopedija*
        https://dic.academic.ru/dic.nsf/enc_bio-
        graphy/114126/%d0%a1%d0%bc%d0%b5%d0%bb%d0%be%d0%b2%d1%81%d0
        %ba%d0%b8%d0%b9

33   Aleksandr Fedorovič Sevast'janov, Gvt. Rjazań 1. Juli 1771?–5. Dez. 1824? St. Pe-
        tersburg, Naturforscher, seit 1800 Akademiker. *RBS* 18.1904, 266–268.

hohe wissenschaftliche Bedeutung, einerseits für die Geschichte der Expedition Redowskys, die bis jetzt noch nicht geschrieben ist, andererseits für die Bestimmung des Herbariums, das von Redowsky zusammengestellt und wurde und das sich im Botanischen Museum der Akademie befindet. Das herausragende Dokument des Bestandes ist zweifellos das Manuskript des Tagebuchs, das bis heute nicht veröffentlicht wurde und das eine Zeitlang als verloren galt. Die Akademie schlug auf Vorlage des Akademikers N. Ja. O-zereckovskij[34] noch 1810 vor, Auszüge aus diesem Tagebuch zu veröffentlichen, aber dieses Vorhaben blieb unausgeführt.
Der Bestand kam 1807 [wohl 1809] ins Archiv nach Redowskys Tod.
Ende des 18. und Anfang des 19. Jh.; 18 Einheiten; 21 cm.; geordnet; es gibt ein Verzeichnis.[35]"

Interessant ist die Mitteilung, daß es sich bei dem Manuskript um eine Kopie handele – ist demnach das Original nicht erhalten? Nach der Titelfassung dürfte sich das Tagebuch von dem hier präsentierten unterscheiden – es wird ausdrücklich mitgeteilt, daß es auch die Strecke von Kjachta nach Urga umfaßt; diese war für Rehmann nicht sonderlich interessant, weil er ja selbst diese Reise unternommen hatte, und so wird er diesen Teil ausgelassen haben. Dagegen wird der zweite Teil „von Jakutzk nach Ischiginsk" genannt. Rehmann bietet aber auch die Aufzeichnungen für die Reise von Irkutsk nach Jakutsk, während die Petersburger Kopie zumindest suggeriert, daß auch der Weg von Ochotsk nach Gižiginsk beschrieben würde.

Die im Folgenden zitierte Notiz mag auf dem Vorschlag des Akademikers Ozereckovskij beruhen; es ist auch denkbar, daß Rehmann für die Nachricht verantwortlich war:
Fortsetzung und Ergänzungen zu Christian Gottlieb Jöchers allgemeinem Gelehrten-Lexiko. Angefangen von Johann Christoph Adelung und vom Buchstaben K fortgesezt von Heinrich Wilhelm Rotermund. Bd. 6. Bremen 1819, Sp. 1537:
„Redowsky aus Memel, Doctor und geschickter Botanicus, ertrank, noch ehe er seine Entdeckungsreise antrat, zu Ischiginskoy, zwischen Ochozk

---

34   Nikolaj Jakovlevič Ozereckovskij, Ozereckoe 1750–28. Febr. 1827 St. Petersburg, Naturforscher, 1782 zum Akademiker ernannt. Vgl. *RBS* Bd. (Обезьянинов–Очкин), 181–184.
35   Es liegt auf dem Internet auf unter
     http://www.isaran.ru/?q=ru/opis&guid=6FB2206F-14C2-A2BA-D62D-7983B092EFBC&ida=2

und Kamtschatka am Tungusischen Meere, den 8. Februar 1807, im 33sten Jahre seines Alters. Sein überaus wichtiges Tagebuch wurde erhalten und zum Druck befördert. S. Intell. Bl. der Leipz. Lit. Zeit. 1807. 57 Stück pag. 928. [*Neues allgemeines Intelligenzblatt für Literatur und Kunst*, dort nichts Näheres]"

REDOFFSKYs *Reise von Irkutzk nach Kamschadka*
1te Abtheilung von Irkutzk nach Jakutzk
Im May 1806

Sobald die Bestätigung meines Reiseplans aus Petersburg angekommen und die Zeit meiner Abreise bestimmt war, wurden die Anstalten zu derselben aufs ernsthafteste betrieben. – Der Gouverneur von Irkutzk Alexej Michailowitsch Karniloff[36] schrieb nach Jakutzk und Ochotzk wegen meiner Reise, um die Behörden an beiden Orten von meiner Ankunft zu benachrichtigen, damit ich dort alle Unterstützung finden möchte, die von denselben abhing. Eben so bekam die hiesige Ober Medicinalbehörde den Befehl, die nöthigen Verfügungen in Hinsicht der Kuhpocken zu treffen, die ich mir vorgenommen hatte, in Kamschadka und auf den Kurilischen Inseln einzuführen; damit ich für dieses Vorhaben, wozu mich der Arzt der Gesandtschaft Dr. Rehmann aufgefordert und mit Lymphe versehen hatte, etwa in Jakutzk frische Materie vorfände, so dass ich mit Impfstoff aus mehrfacher Quelle und von verschiedenem Alter versehen seyn könnte, wodurch für den Fall, dass die eine nicht halten möchte, der Erfolg des wohlthätigen Unternehmens dennoch gesichert bliebe. –

Die Witterung war gelinde, und so wie man sie nur in dem mittlern Landstriche des europäischen Russlands erwarten kann. Eine unzählige Menge von Phyganien[37] durchflog die Luft an den Ufern der Angara. Es fing an grün zu werden. Die Weiden blühten. Noch war[en] aber damals nach eingegangenen Nachrichten die untere Angara und die Lena mit Eis bedeckt. Nach dem von Seiten der Gouvernements Regierung alle nöthigen Verfügungen getroffen waren, und mir das Proviant und Postgeld nebst tausend Rubeln von meinem Gehalt ausbezahlt war, so erhielt ich noch zur Erleichterung und Sicherheit meiner Reise folgende Papiere 1) Von dem Gesandten Grafen von Goloffkin[38] einen Empfehlungsbrief an den Kammerherrn von Rezanoff[39],

---

36   [Aleksej Michajlovič Kornilov (1760–1835), Gouverneur von Irkutsk 1805–1806. Vgl. *Russkij biografičeskij slovar'*, Band Кнаппе – Кюхельбекер. 1903, 260–261.]

37   Köcherfliegen.

38   [Jurij Aleksandrovič Golovkin (1762–1846), Diplomat, Leiter der mißglückten Gesandtschaft nach China 1805–1806; s.o.]

39   Derjenige, der die Expedition des Kapitains von Krusenstern als Gesandten nach Japan begleitete, dann die Besitzungen der Russisch Amerikanischen Compagnie besuchte und von da zu Land über Siberien nach Petersburg zurückkehren wollte, aber 1807 an einem chronischen Übel in Krasnojarsk starb. [Nikolaj Petrovič Rezanov, 1764–1807, Staatsmann und Mitgründer der Russ.-Amerikanischen Handelskom-

den ich wahrscheinlich in Kamschadka oder Ochotzk begegnen konnte. 2) Dto an den Kollegienrath Kordascheffsky in Jakutzk. 3) Dt. an den Capitain Lieutenant Bucharin[40] in Ochotzk 4) Dto. an den General Major Kuscheleff[41] in Kamschadka. Ferner zwey Kreditbriefe an Kaufleute die mit dem Grafen in Korrespondenz stunden.

1) Vom Civil Gouverneur Karniloff einen offenen Befehl an alle Civilbeamte auf meinem Wege. –

2) Einen Empfehlungsbrief an Kardascheffsky[42]

3 Dto. einen andern an Bucharin.

Der Gesandte gab mir übrigens noch zwey Instructionen, die sich auf meine Reise bezogen, und zugleich die unverkennbarsten und schmeichelhaftesten Beweise seines Wohlwollens. Ich werde niemals die letzten Augenblicke, die ich bei ihm zugebracht habe, vergessen. – ‚Sie haben eine seltene Gelegenheit sich als Mensch und als Gelehrter auszuzeichnen. Sie werden mit manchen Entbehrungen und Mühseligkeiten zu kämpfen haben, aber kehren Sie zu der Freude ihrer Freunde und so auch zu der meinigen gesund und mit Ruhm bedeckt zurück.‘ Dies waren seine letzten Worte, indem er mir gerührt die Hand drückte, als ich von ihm Abschied nahm. – Auch verdient die liebenswürdige und theilnehmende Weise, mit welcher sich der Secretair der Gesandtschaft Herr Graf von Lambert[43] gegen mich benahm meinen wärmsten Dank. – Er war es vorzüglich der meinen angegebenen Reiseplan ausführlich bearbeitete und mir zur Realisierung desselben am Meisten behülflich war. – Nicht ohne Rührung und schmerzliche Gefühle schied ich von denjenigen, die mir in der Gesandtschaft die Liebsten waren, und mit denen ich, während den fürchterlichsten Wintermonaten der Mongolei eine der härtesten

---

panie. Vgl. Richard A. Pierce (Hrsg.): *Russian America: A biographical dictionary.* Kingston, Ontario, 1990, S. 418–421.]

40   Der Kapitän 2. Ranges I. I. Bucharin, der Hafenkommandant.

41   [Pavel Ivanovič Košelev (1764– nach 1831), Generalmajor, 1802–1806 Kommandant von Kamtschatka.
Vgl. http://vif2ne.ru/nvk/forum/archive/1051/1051941.htm http://www.petergen. com/ publ/belev71pp2.shtml].

42   [Ivan Grigoŕevič Kardaševskij (1805–1816), Präsident der Bezirksregierung (oblastnoe pravlenie) von Jakutsk. Vgl. Safronov, F. G.: *Dorevoljucionnye naćal'niki Jakutskogo kraja.* Jakutsk 1993, p. 38].

43   [Henri Joseph de Lambert (Jakov Osipovič), 1778–1849; 2. Sekretär der Gesandtschaft; Geheimrat, Senator, Direktor der Kommission für Schuldentilgung; vgl. *RBS Azb. uk.* sowie die Charakterisierung von Ph. Wiegel: *http://www.vostlit.info/ Texts/Dokumenty/China/XIX/1800-1820/Russ_kit_otn_19_v_I/pril11.htm*].

Proben bestanden hatte, welche das Schicksal neugierigen Reisenden auferlegen kann. –

Der **20te May** war der Tag meiner Abreise aus Irkutzk. Die Obose[44] wurde mit zwei Kosaken begleitet voraus geschickt. Ich selbst verließ Irkutzk um halb vier Uhr Nachmittags, in der Gesellschaft meines Freundes des Herrn von Juny[45], der mich noch eine Strecke Wegs begleiten wollte. Dieser Ort wird mir in der Geschichte meines Lebens immer merkwürdig bleiben, in so fern nämlich hier meine Reise ihren Ursprung fand und ich wirklich einige Monate in der angenehmsten Erwartung und Beschäftigung recht glücklich hier verlebt hatte. –

Juny

Den 1ten Juny Abends um Acht Uhr kamen wir nach der Stadt Kirensk welche an dem Zusammenfluß der Lena mit dem Fluße Kirenga am rechten Ufer der Lena liegt. Dieses Städtchen hat, wie so manches in Russland, ein dorfähnliches Ansehen und besteht eigentlich nur aus einer Straße, die längst dem Fluße dahinläuft. Die wenigen übrigen Häuser sind haufenweise ohne Ordnung zusammengestellt. – Das rechte Lena Ufer ist hier sehr flach, daher der Ort vielen Überschwemmungen ausgesetzt ist; besonders war die in diesem Frühjahr erlittene sehr groß und noch trug die Straße am Fluße durch Koth und Pfützen die Spuren davon. Die übrigen kleinen Straßen sind trockner, weil sie sandicht sind, und sich der Ort an eine sanfte Erhöhung anlehnt. Das linke Lena Ufer ist zwar anfänglich auch flach, erhebt sich aber bald in ein hohes Felsenufer, dessen natürliche Beschaffenheit von dem rechten sehr abweicht, denn es besteht aus einem Sandstein von weißer Farbe und feiner Textur mit eingelegten flötzigen Kalklagern. Die Lena ist hier breit und reißend, ihr Wasser ist hell und angenehm schmeckend. – Einige große Barken mit Mehl beladen, nach Irkutzk bestimmt, lagen am Ufer. – Der Kaufhof ist von Holz erbaut und nicht größer als ein mittelmäßiges Privathaus und besteht aus 13 in zwey Stockwerken übereinander erbauten Buden, in welchen aber beinahe keine Kaufleute sitzen, weil sie in den Häusern hausiren zu gehen gewohnt sind. – Man zählt hier 5 Kirchen, eine steinerne Pfarrkirche und vier andere hölzerne, dann ein Kloster, in welchem 3 hölzerne sich befinden. Die nothwendigen Bedürfnisse des Lebens sowohl als jenes des Luxus stehen hier

---

44   So nennt man in Russland eine gewisse Anzahl von Transportwagen, eine kleine Karawane.
45   [Franz Juni (1792–1830), Staatsrat, Beamter des Außenministeriums, damals Kollegienrat, Mitglied der Golovkin-Gesandtschaft.]

in gleichem Verhältniße in hohem Preiße. Ein Pfund Weizenmehl kostet 1 Rubel 50 Kopeken, und 1 Pfund Rockenmehl 2 Rubel bis 1 R. 20 k. und doch sollte dieses eigentlich nur 80 Kopeken gelten.[46]

Das Kloster Troitzk hat eine angenehme Lage am östlichen Ende der Stadt. Auch hier in dem fernsten Siberien haben die Pfaffen verstanden, sich den besten Platz zur Wohnung zu wählen. Der Bezirk des Klosterhofs enthält au-ßer [den] gerade angezeigten Kirchen noch einige hölzerne Gebäude, von welchen das des Priors das vorzüglichste ist. Der Platz ist mit einem hölzer-nen Zaune umfaßt und mit Gruppen von *Prunus Padus* bepflanzt, die damals in schönster Blüthe waren. Der Stadthauptmann Gorodnitschi war ein bejahr-ter Diener des Staates, der Landkomissaire, Ispravnik, ein berühmter Säufer, der Herr Stabschirurg gab ihm hierin nichts nach. Ich erhielt jedoch von ihm sehr schlecht zwischen Glasplatten verwahrte Kuhpockenlymphe. Er hatte an seinen Kindern Versuche angestellt, aber um sie weiter fortzupflanzen war er zu bequem gewesen.

Der Kirengafluß, welcher sich unterhalb der Stadt mit der Lena vereinigt, hat klares, der hellströmenden Angara ähnliches Wasser und einen äußerst schnellen Lauf. Er ist nur für kleine Fahrzeuge schiffbar, und man bedient sich dessen blos zum Transport der nothwendigsten Bedürfnisse für die Exilirten. – Von Mineralien fand ich an den Ufern der Kirenga eine Art von gestreiftem Jaspis mit Sandstein und Kalkscheiben.

Am 2ten Juny fuhr ich von Kirensk Nachmittags um 3 Uhr ab. An und auf den nahegelegenen jähen Felsen fand ich in Blüthe *Atragene alpina* [Atra-gene sibirica]; *Potentilla nivea* in großer Menge, *Spiraea* wahrscheinlich *crenata* (oder *chamaidifolia*), ein *Geranium*, die *Saxifraga bronchialis* nur an den Abhängen der Felsen sehr häufig, *Mitella nuda* war eben im Aufblühn. Letztere kam schon früher vor, aber nicht in Blüthe; sie liebt schattige feuchte Örter nur ein Moose, ist eine sehr wuchernde Pflanze wegen der krie-chenden Wurzel, *Marchantia conica*? – *Sambucus racemosa*, ein frutesciren-der *Astragalus*, der schon früher in den buraetischen Steppen zwischen Kat-schuga und Irkutzk vorkam. Die Astragali scheinen übrigens hier im Allge-meinen schon aufgehört zu haben, da sie mehr auf Steppen und sandichten Bergen vorkamen.

Das Ufergestein ändert sich hier merklich. Der rothe Sandstein hört auf. Die Ufer bestehen aus Flötzlagern von weißlichter Farbe, welche Sandsteine

---

46   Es versteht sich, dass hier, so wie in der Folge bei Bestimmung der Preiße blos von
      der damaligen Zeit die Rede seyn kann; wo der Silberrubel mit dem Rubel in Bank-
      noten noch beynahe gleichen Kurs. hatte.

und Kalch enthalten. Der Kalk wird in Kirensk wirklich gebrannt, doch
könnte diese Kalkbrennerey verbessert und der überall um Kirensk herumlie-
gende Kalkstein mehr zum Bauen gebraucht werden, wenn es hier Mode wäre,
steinerne Wohnungen zu haben, zu deren Erbauung doch der häufige Sandstein auf so leichte Weise benutzt werden könnte. bald hinter Kirensk nimmt
das Lenaufer eine ganz andere Gestalt an, die Gebürge, welche den Fluß begleiten, haben ganz das Ansehen von Urgebirgen, und sind es auch in der
That, nur konnte ich noch keinen Granit bemerken, sondern Hornstein. Wegen dieser hohen und felsichten Beschaffenheit der Lena Ufer nennt man auch
die Gegend bis zur ersten Station Podkamennoi, welches soviel als die felsichte oder steinichte bedeutet. Auf einem sehr jähen und schwer zu bestei-
genden Felsen, der aus Hornstein mit Kalchlagern bestand, waren in Blüthe
Arbutus alpina [Arctous alpina] und *Uva ursi* [Arctostaphylos uva-ursi], besonders häufig kam das erstere vor; dann fand sich auch hier eine *Salix*, der
Salix Gmeliniana ähnlich – und ein blühendes *Asplenium*; – dann *Lichen nivalis* mehreren Varietäten. Um Kirensk verfertigt man von der Wolle einer
Haasenart, welche Uschkan[47] genannt wird, Strümpfe, Bettdecken, Schlaf-
mützen u. d. g. welche sehr weich und fein sind. Diese Art Haasen soll seit
15 Jahren viel seltener geworden sein, die Felle kommen von Jakutzk und die
Thiere werden jener Gegend im Felde gefangen. Es wäre wohl der Mühe
werth, der Ursache ihrer auffallenden Abnahme nachzuforschen, Vielleicht
wäre es möglich, diese Haare in irgend einer Fabrik einzuführen und zu noch
feineren Stoffen zu benutzen. Um 8 Uhr Abends kamen wir in der Station
Alexieffsky an, welche von Kirensk 24 Werste entfernt ist. Die Lena hat hier
überall einen äußerst schnellen Lauf. –

Den 3ten Juny
In der Nacht hatte ich die Stationen Garbowskoi 25 Werst von der vorigen
Weschinowska 20 Werst und Spoloschenskoi Pogost 20 Werst zurück gelegt.
Des Morgens aber die Station Ilginska 25 W. weiter. Hier fand ich eine Art
Breccia[48] am Ufer und Hornstein. In der Station Darina hielt ich mein Mittagsmahl. Auch hier fand ich noch überall die Spuren der Überschwemmung
der Lena. Unter dem Orte war das sandichte Ufer weggespült, und der Sand
beinahe eine halbe Werst weit vom Ufer auf eine mit Korn besaetes Ackerfeld
getragen, wodurch die Hoffnung zur Erndte den armen Bauern des Dorfes

---

47   [Vgl. Johann Wilhelm Detenhoff: *Peterburgische merkantilische Notizen.* St. Peters-
       burg o.J. [1819], 5: Ein Haasenfell heißt auf Tartarisch Uschkan ...]
48   [Als Lehnwort heute auch Brekzie: Schotter.]

völlig genommen war. Ich sah, wie sie Säcke mit Getreide und Mehl herbei-
führten, die sie bey ihren Nachbar in der Gegend geliehen hatten, um aufs
neue säen und eine Zeitlang Brod backen zu können. Sie waren indessen sehr
über die Ungewißheit betrübt wie und wann sie ihre Schuld abtragen könnten.
– Oft muß die Regierung von Irkutzk den armen Bauern der Lena Ufer unter
die Arme greifen, da hier der Erfolg der Aussaat immer zweifelhaft bleibt.
Überschwemmungen des Flußes eben sowohl als späte Fröste im Anfang und
frühe am Ende des Sommers können auf einmal der jährlichen Hoffnung einer
glücklichen Erndte ein Ende machen. Das Ufer hat hier die vorher erwähnten
Geschiebe und häufig Stücke von grünem Jaspis unter Quarz und Kieseln.

Spiraea Sorbifolia [Sorbaria sorbifolia] wuchs in großer Menge am sandichten Ufer, blüthe aber noch nicht. – Ich bestieg einen Bergrücken hinter
der Station, fand aber nichts merkwürdiges; eben so einen andern einige erst
weiter, wo ich ein noch nicht blühendes Hedysarum fand. Insekten zeigten
sich wegen der kalten Witterung nirgends.
Wir setzten unsere Reise fort und legten in kurzer Zeit wegen der Schnellig-
keit des Stromes folgende Stationen zurück.
Utschorskaia 30 Werst von Darina [?] dann
Mudinskaia 25 Werst von der vorhergenannten,
Ivanuschskova 25 Werst.
wo wir die Nacht über blieben. – Die Zwischengegend von der Station Mu-
dinskaja zu der folgenden ist für den Naturforscher sehr interessant; so wie
überhaupt von hier an die Lenaufer eine ganz andere naturhistorische Beute
liefern. – Ich fand auf einem Felsen am linken Lenaufer *Phlox Sibirica*, *Valeriana rupestris* (oder jetzt *Valeriana Sibirica*), *Lichen croceus*, *Androsace
villosa* [Androsace incana], die von den Leuten gegen die Krätze gebraucht
werden soll, und eine Varietät von dieser, oder vielleicht eine andere Species
– *Scapis altioribus corollarum laciniis, magis profundis, magis incisis – ru-
bindis, macula paucis intensioris colloris* – dann zwey Species von Lichen,
eine *Pedicularis* (wahrscheinlich *P. euphrasioides*) noch nicht blühend, und
besonders einen von mir noch nicht gesehenen *Cheiranthus*, den ich weiter
untersuchen werde; auf Wiesengrund 2 Species von *Geranium*, eine *Paris
quadrifolia, quae autem constanter foliis plus quam quatuor instructa erat,
vielleicht Paris daurica*, die ich in Gorenki gesehen hatte.

In der Station Tschastinskoi brachten wir die Nacht zu, weil es gefährlich
sein soll, die nächstfolgenden Stationen, besonders bei seichtem Wasser im
dunkeln zu passiren. –

Den 4ten Juny

Ich empfehle allen Naturforschern, die nach mir durch diese Gegenden reisen
werden, eine besondere Aufmerksamkeit auf die nun folgenden Lenaufer zu
richten, die in jeder Hinsicht eine reiche Ausbeute gewähren. Gleich hinter
der Station erhebt sich das Ufer in der Form von recht hohen wilden Felsentrümmern; ich erstieg einige derselben und fand, dass sie mit Moos bewachsen waren, in welchem am südlichen Abhange eine Lila blüthe, die wegen
des *Nectaris ad basin petalorum* merken[?] ist. Hier war sie sehr häufig und
wurde später von mir nicht mehr gesehen. Ferner *Dryas octopetala – Betula
nana –* Eine *Salix – Lichen nivalis*, mehrere Laubmoose etc. Einige Werste
weiter ebenfalls am rechten Lenaufer, welches aber hier nicht so zertrümmert
ist; sondern nur eine jähe anhängige Fläche bildet, war zwischen Moos sehr
häufig *Rhododendron ferrugineum* [Rhododendron parvifolium], schon dem
Verblühen nahe, mit *Dryas octopetala*, einer *Andromeda?* – und verschiedene
andere Pflanzen. Das *Rhododendron dauricum* wird schon hinter Katschuga
Pristan nicht mehr gesehen. Dort essen aber Knaben häufig die Blüthen desselben wegen des in ihnen enthaltenen Honigs. –
Anemone narcissiflora [Anemone crinita] war eine Zierde der Wiesen und
völlig planta pratensis.

Zwischen der 9ten und 10ten Werst von der Station Tschastinskoi erreichten wir die, wegen der gefährlichen Schiffahrt berüchtigten Tscheki[49], das
Flußbett ist nämlich hier überall felsicht, besonders erheben sich aber die Ufer
des Flußes in dieser Gegend in jähe schroffen Felsen mit hervorstehenden
Klippen, die keine Uferplätze übrig lassen, und an welchen der tiefe Fluß mit
verstärkter Macht vorbei schießt. Man zählt dieser Tscheki drey, zwey auf
der rechten und einen auf der linken Seite der Lena. Ehe man zu ihnen gelangt,
kömmt man zu einer ziemlich großen Insel; der Fluß ist bei derselben breit,
wird aber bald durch einen hervorstehenden Ecke des linken felsichten Ufers
und durch die derselben gegenüberstehenden hervorragenden Klippen einge-
engt, und gleichsam zwischen dieselbe gepreßt, und in seinem gewundenen
Laufe gestört, indem das sehr schnell strömende Wasser gegen die ersten Felsen und Klippen gewaltsam anprallt, und gleichsam zurückgedämmt wird.
Bald findet der Fluß an dem zweiten aber nicht so hohen Felsenriff einen
ähnlichen Widerstand, und seine Wellen werden hier ebenfalls mit Gewalt
zurückgeschleudert, – geräth dann von hier zu dem 3ten Riff wieder auf dem

---

49   [russ.: щекы – Backen. Vgl. Gmelin, J. G.: *Reise durch Sibirien*. 2. Göttingen 1752,
      p. 291: „[...] fuhren wir durch eine sehr merkwürdige Gegend des Lena-Flusses, wel-
      che von der besondern Gestalt der Ufer den Namen Schtscheki (Backen) hat."]

rechten Ufer und fließt dann von da in ein sanfteres und ruhigeres Bett über.
Eben diese unregelmäßige und durch diesen Widerstand heftig verstärkte Bewegung des Stroms, macht hier die Schiffahrt gefährlich. Man befährt diese
Gegend niemals des Nachts, und man hat mehrere Beispiele, dass auch am
Tage hier Barken gescheitert sind. – es gehört viele Vorsicht des Steuermanns
dazu, und die Richtung der Barke so zu beherrschen, dass dieselbe nie in die
gerade Strömung des Flußes nach dem Felsen gerissen werde, sondern dieselbe geschickt durchschneidend über die gefährlichen Stellen dahingleite. –
    Diese Felsenriffe sind ehrwürdige Zeugen einer früheren ErdRevolution.
welche die Ufer der Lena gebildet hat. – Es sind alte größtentheils aus feinem
körnichten, und Kalch enthaltenden Sandstein bestehende Felsen, die an ihrer
Flußseite nur mit sparsamen Pflanzenwuchs bekleidet und nur von Schwal-
ben bewohnt sind, die in ungeheurer Menge in den Spalten nisten. Die Rücken und Seiten verflachen sich in sanft absteigende Berge, die allmählich in
Wiesen übergehen, allein sich bald wieder zu Klippen von minder beträchtlichen Höhen erheben. Zuweilen wagen aus ihrer steil herabhängigen Flußseite
unförmliche Säulen hervor, zuweilen erblickt man nicht ohne Schaudern um-
gestürzte und zerschellte Felsentrümmer von denen noch einige gerade dem
Herunterstürzen nahe sind. Man sieht Höhlen und Steinklumpen von grotes-
ker Gestalt in denselben. Kurz diese Tscheki gewähren von ihrer Flußseite
einen wahrhaft malerischen Anblick und manche Erscheinung, die für den
Landschaftsmahler willkommen seyn müßte. – Nicht ohne Mühe bestieg ich
die erste derselben, wurde aber durch einige schon früher gefundene Pflanzen
für de gefährliche Excursion nicht entschädigt. Wir kamen endlich bei der
Station Dubrovsky an, welche von der vorigen, wegen den vielen Krümmungen des Flußes 37 Werst entfernt ist. Zwischen beiden sind keine Dörfer, noch
Wohnungen zu sehen, wegen den unwirthbaren Lenaufern. Überhaupt nimmt
der Wohlstand der Bauern hinter Kirensk immer mehr ab. Man findet keine
beträchtlichen Dörfer mehr, sondern Stationen von 3 bis 4 höchstens 6 Wohnungen, zuweilen auch nur eine Simovie.[50] Doch hängt dies nicht immer von
dem Lokale ab, da ich manchmal auf einer unwirthbaren Stelle mehrere Wohnungen fand, während in einer freundlichen und kulturfähigen Gegend nur
ein einzelnes Haus stand.

---

50   Ein einzelstehendes Winterhaus, das manchmal im Sommer verlassen und blos im
      Winter bewohnt wird. – Die ersten Eroberer von Siberien erbauten sich auf ihren
      Streifzügen solche Hütten oder Häuser, wohin sie im Winter zurückkehrten, und mit
      anfangenden Sommer wieder auf die Jagd oder auf Eroberungen ausgingen.

Bis zur Station Kurenskoi rechnet man 29 Werst. Bis zur Simovie Solens-kaia 21. Dies ist eins von den Örtern, an welchen man billig die Ansiedlung eines größeren Dorfes begünstigen sollte. Diese Station hat ihren Nahmen höchst wahrscheinlich von einer nicht weit entfernten salzigsten Quelle. Die Simovie hat die vortrefflichste Lage, schönes fettes Ackerland, eine hohe Gegend, die keinen Überschwemmungen ausgesetzt seyn kann, – Fischfang – in der Nähe gute Waldung, Wiesen mit den herrlichsten Futterkräutern, und trotz diesen natürlichen Vortheilen der Gegend ist hier nur ein einzelnes Haus. Ohne Zweifel kommt dies von den anfänglich schlechten Vertheilung der Stationen, und ist der Nachlässigkeit oder der Gleichgültigkeit der Landmesser zuzuschreiben. Hier ist prächtiges Land, während die Bauern in anderen Gegenden wegen der schlechten Lage der Dörfer und ihrer Felder hungern müßen. – Es wäre vielleicht nicht ganz überflüßig, wenn man längst der Lena noch einmal eine Expedition von ein paar Sachkundigen und für das Wohl der Colonisten theilnehmend bedachten Männern anreisen ließe, um die Pläne der Ansiedlung hier zu corrigiren und zu verbessern, wobey immer auf die Hilfsmittel und die Begünstigung, welche der Station die Lage des Ortes verbietet, gewissenhaft Rücksicht genommen werden müßte.

Den 5ten Juny
Wir erreichten in der Nacht die Station Parschina in der Entfernung von 19 Werst von der vorigen. Auffallend waren nun hier im nördlichen Siberien die hellen Sommernächte. Ich konnte um Mitternacht ohne Mühe noch lesen. Von den Sternen entdeckte ich nur die Venus, die allein sichtbar war. – Ich kannte diese feyerlichen Nächte zwar schon aus Petersburg, jedoch noch nicht in diesem Grade, und in der Entfernung und Einsamkeit, in der ich mich von allem gesellschaftlichen europäischen Leben befand, ergriffen dieselben meine Einbildungskraft noch lebhafter und beförderten die melancholische Stimmung meines Gemüths.

Gleich nach 12 Uhr, als es schon zu tagen anfing, fuhr ich voraus, um eine sogenannte stärkende Quelle zu untersuchen. Sie ist 14 Werst von der Station entfernt. Zum meinem Erstaunen fand ich, dass zwey starke Strudel mit vielem Geräusch aus einem Felsen hervordrangen, deren Öffnungen etwa vier Faden hoch über dem Wasserspiegel der Lena seyn mochten. Die größte Quelle kommt aus einer Öffnung im Felsen, die etwa über 4 Fuß im Umkreis enthalten mag, zu welcher man aber nicht wegen des steilen Gebirgs hinanklimmen kann. Die Gegend um die Quellen war mit einem hepatischen Geruch erfüllt. Das Wasser schäumte stark, hatte auf den Steinen, über welche es floß, Schwefel abgesetzt und schmeckte ziemlich salzigt. Es waren außer diesen zwey Quellen, noch mehrere kleinere von gleicher Beschaffenheit vorhanden, sie sollen im strengsten Winter ebenfalls fließen und dann gewöhnlich noch wärmer seyn. Die Einwohner trinken das Wasser und heilen damit Ausschläge, es soll sogar manchmal auf besonderes Begehren bis nach Irkutzk verführt werden. Hineingetröpfeltes vegetabilisches Alcali bewirkte einen gelben Niederschlag. In der Eile konnte das Wasser nicht genauer untersuchen. Das Gebirge erhebt sich jähe, besteht aus Thonschiefer mit schwarzen und rothen Quarzadern durchzogen, wie auch einen festen Sandstein mit Kalkflötzen. In den Felsenritzen wuchs der schon gefundene *Cheiranthus*. – Ich verfolgte das Ufer weiter aufwärts und bemerkte viele Geschiebe von Schiefer, horizontal wie auch nach verschiedenen Winkeln fallende Schichten desselben. Eine *Potentilla*, ein *Hedysarum*, die *Spiraea lobata*, eine *Euphorbia*, die *Alyssum montanum*, eine *Anemone* etc.: Wir kamen morgens um 3 Uhr in der Station Ruishii an. Die Ufer der Lena bleiben immer felsicht. Diese Station liegt 23 Werst von der vorigen entfernt, am linken Ufer des Stromes, sie besteht nur aus ein paar Wohnungen, hat aber gutes Land und könnte besser ausgebaut werden, wenn es nicht an Menschenhänden mangelte. Wir legten in kurzer Zeit die Station Tschuja 24 Werst weiter, die am Fluße gleichen Namens liegt, zurück. Am Mittag erreichten wir die Sloboda Wittim.[51] Sie liegt am linken Ufer der Lena auf einer Fläche fast gerade am Ausfluße des Wittims gegenüber, der von beiden Ufern hohe Felsenufer hat. Seine Breite beträgt bei seiner Mündung beynahe eine Werst.

Durch mein Fernrohr konnte ich über die Mündung für die 60 bis 70 Werst entfernten Glätscher (Golzi[52]) sehen, und den Schnee auf denselben deutlich unterscheiden. Sie gehören zur Kette des großen Apfelgebürges (Jablonoi Chrebet) und in den Schluchten derselben sollen die sogenannten Promischleniki manche glückliche Jagd machen. Diese Jäger gehen, wie man mich versicherte, des Zobelfanges und des Frauenglases wegen, in Gesellschaft oft bis 1000 Werst den Fluß Wittim hinauf. – Ich fand hier bei einem Kaufmann Namens Michael Markoff eine gefällige Aufnahme. Er beschenkte mich sogleich mit einem paar getrockneten Rennthierzungen, die hier für einen großen Leckerbissen gehalten werden; ebenso mit getrocknetem (nicht geräuchertem) Rennthierfleische, welches in kleine würflichte Stücke geschnitten war und in dieser Form getrocknet wird. Für lange Reisen ist dies eine vortreffliche Art, das Fleisch aufzubewahren, da es nicht wie das eingesalzene und geräucherte, Durst erregt, und bequem in der Tasche oder einem

---

51 [Ein größeres Kirchdorf.]
52 [russ. гольцы – die von Schnee entblößten Bergspitzen.]

Schnappsack, wie Brod gerieben, bey sich getragen werden kann. – Auch brachte man mir einige Mineralien vom Wilki, worunter aber nichts anderes als Agathe und Karneole nebst durchsichtigen Kieseln waren, wie man dieselben in verschiedenen Flüßen des östlichen Siberiens häufig vorfindet. Die Häuser der Sloboda sind so nahe am Ufer gebaut, dass es kein Wunder ist, wenn sie bey der jährlichen Überschwemmung, die ich schon bemerkt, besonders dieses Jahr sehr beträchtlich war, unter Wasser gesetzt werden. Der Ort für diese Slobode ist übel gewählt, weil sie fast gerade der Mündung eines Flußes gegenüber liegt, dessen Eisgang ihr immer gefährlich werden kann. Die Einwohner versicherten mich allgemein, dass wenn in diesem Frühjahr die Lena mit dem Wittim zu gleicher Zeit aufgebrochen wäre, es dem Orte hätte übel ergehen können, so aber wird der Schaden nicht beträchtlich, weil das Eis des Wittims früher brach. – Hier sah ich die beiden ersten Tungusen. Die Promischliki [!] gehen von hier auch nach dem See Aron, welcher 25 Werst lang und 8 Werst breit seyn und über 800 Werst von hier am linken Ufer der Lena liegen soll, auch soll er in diesen Strom einen Ausfluß haben. Er enthält Störe und Sterlotte, mit deren Fang sich die Jägerbanden ebenfalls ernähren. In der Gegend dieses Sees sollen sich ebenfalls Schneeberge erheben, welche in den niederen bewachsenen Gegenden sehr ergiebig für die Jagd an Zobel, Wölfen, Füchsen und Rennthieren seyn sollen. – Nur in vier Häußern bewohnen etwa 15 Menschen, die Kinder mitgerechnet, jene Gegend; diese wurden teils von hier, theils von Kirensk großer Armuths [!] halber dahingeschickt, um dort in dem etwas milderen Klima bey leichterem Erwerb der ersten Lebensmittel und dem Betriebe des Fischfangs ihre Lage zu verbessern.

Es gehen von hier jährlich 100 zuweilen auch 200 Jäger auf den Fang nach jener Gegend aus, sie ziehen am Tage des Heiligen Semenov von hier ab, und auch später bis nach dem Tage von Pokrov; sie reisen anfangs in Böthen gegen den Strom, und kommen in 25 Tagen in den See mit Proviant und Provision auf ein Jahr versehen. Im Sommer graben sie Gruben für die Rennthiere, fangen Fische und helfen den Einwohnern Ackerbau treiben; – den Herbst und Winter bringen sie mit dem Fange der Zobeln zu; welche entweder in Fallen gefangen oder auch mit stumpfen Pfeilen geschossen werden. Der Gewinnst jedes Jägers soll für die Zeit etwa 150 Rubel betragen, von welchen er aber beinahe die Hälfte an seine Wirthin für Bekößtigung abgeben muß. – Die schönsten, besten Zobel kosten hier bis 50 Rubel das Fell, von denen es aber schon weniger giebt; die allerbesten von der seltesten [!] Sorte, welche aber ganz schwarz sein müssen, 170 bis 80 Rubel; – die übrigen ganz ähnlichen von 2 bis 25 Rubel das Stück. Es giebt hier eigentlich nur drey Kaufleute, die ansäßig sind, einigen Handel treiben und Jagdgesellschaften miethen. Es kommen aber auch öfter aus Irkutzk Kaufleute hieher, welche Zobel aufkaufen, welches gewöhnlich um Weihnachten geschieht. Die von der schlechteren Sorte gehen in den chinesischen Handel, die besseren werden nach Makariev oder nach Moskau geschickt. Es werden hier gewöhnlich an 500 bis 800 Zobelfelle und auch mehr aufgekauft. –

Die Slobode Wittim hat eine Kirche von Holz, etwa 100 Häuser – 340 männliche und 319 weibliche Seelen. Unter den Häusern sind zwey, die Irkutzkischen Kaufleuten gehören, ein anderes, das einem Irkutzkischen Bürger gehört. –

Wir verließen Nachmittags um 3 Uhr die Slobode. Drey Werste von hier sehr deutlich eine Reihe von Gletschern. Wir fuhren ohnerachtet des Gegenwindes schnell genug und kamen bey dem Dorfe Peledurskoi an, welches am Fluße gleiches Namens, in der Entfernung von 27 Werst von Wittim liegt. Es ist wohlhabend und wir bekamen hier von den Einwohnern mehrere Sterlette, die nun häufig und mit den Stören unter dem Namen Krasnaja Rüba[53] (rother Fisch) begriffen werden. Um diese Station wächst viel *Juniperus communis*.

Gleich hinter dem Orte erhebt sich das linke Ufer in sehr hohen nackten Felsen, die mir eine ziemlich reiche botanische Ausbeute gaben.

Ich fand hier ein *hedysarum, radix digiti grassitie profunde terram inrapens, emittit caules complures pedales subsimplices, diffusos, folia geminis bracteis ex ovato lanceolatis suffulla, flores spicati, in spicam densam congesti, albidi, carina violacea, aliis patulis; – planat pulcherrima.* Ferner schon eine vorher gefundene *Arenaria, foliis lanceolata = linearibus sub membranaceis, mucronatis, glaucis; – pedunculi uniflori, longi; – bracteati, – calices lineis duabus, tertia intermedia notati.*
Zwey Species von Weiden, – einen *Carex*; *arbutus uva ursi* in entsetzlicher Menge *Empetrum nigrum* [Empetrum sibiricum] etc.

Bis zur Station Krestovskoi rechnet man 27 Werst. Hier fangen die Jakuten an, jedoch hatten sie da nur ein Haus, die übrigen drey gehören Rußen. – In der Nacht wurden die Stationen Jelovoi von 27 W. und Chamrinskoi von 50 W. zurück gelegt. Nun hatten wir schon Jakutische Bootsleute. Es wurde sehr stürmisch und wir konnten, weil der Wind uns entgegen war, nur sehr langsam fort kommen. Etwa fünf Werst hinter der Station Chamrinskoi am rechten Ufer auf einem Torfmoore, wie auch im fetten Ufer fand ich *Fumaria paeoniae folia* [Corydalis paeoniifolia]. Ich hielt sie anfangs für neu, allein fand auch hier, dass wenig unter der Sonne neu ist, und dass sie schon von

---

53 [russ.: красная рыба.]

Willdenow bekannt gemacht war. *Planta inter fumarias speciosissima; –
minime concedere possum, caulem esse ramosum, sed subramosum, sive sub-
simplicem, ramos non habet, nisi spicas laterales, sive axilares, qui nondum
excreverunt, nomine ramorum salutare volueris. Rubus arcticus, eine Arenaria, Saxifraga sibirica, Convallaria trifolia* [Smilacina trifoliata] noch nicht
aufgeblüht. Letztere die wie die übrigen in schattichten, feuchten Örtern,
wächst, heißt hier der Jakutische Thee, und ich nahm mir vor, über den Grund
dieser Benennung Erkundigung einzuziehen. – Auf der Hälfte des Weges ist
am rechten Ufer ein hohes Gebürge, das über die übrige Gebürgskette, auf
welcher hier und da noch Schnee lag, merklich hervorragte. Stationen sind
von Wittim an immer am linken Ufer der Lena, welches in vielen Gegenden
flach und waldicht ist, auch Heuschläge und einiges Ackerland hat. Einige
Bäume waren mit der Zahl, welche die Werste andeutete, bezeichnet. Außer
dem gewöhnlichen Wasserwege auf der Lena giebt es noch einen kürzeren
Landweg, der über die Gebürge führt, und den man reitend zurücklegen muß.
Er wird indessen nur von solchen Reisenden, die wenig Gepäck und Eile haben, bereiset, und etwa auch von denen, die von Jakutzk nach Irkutsk zurück-
reisen, weil sie dadurch viel an Zeit gewinnen da die Fahrt stromaufwärts nur
langsam von statten geht. Die Lenaufer, besonders das linke sind gegen Vater
Gmelin's [s.u.] Behauptung, jähe, hoch und felsicht, und ich habe hier nicht
wie er niedrige sandichte Ufer in niedrigen Strecken bemerkt. In einem dunkeln Walde fand ich *Aquilegia, Saxifraga bronchialis, Potentilla foliis subtus
niveis.* Wir legten die Station Jelovskii 27 Werst, Chamorskoi, 50 W. –
Kankova 27 W. und Tochan-tschikovoi 28 W. zurück. –

Den 7ten Juny
In der Nacht wurden die Stationen Murii 25 Werst und Sibtschindskoi 40 W.
befahren, wo ich gegen Morgen ankam. Die Ufer sind zwar hoch aber sandicht. Das *Rhododendron dauricum* kam hier wieder vor, im Sande und von
demselben so bedeckt, dass nur die Spitzen der Zweige davon hervorguckten.
Dieser Strauch wurde weiter hier immer häufiger, daher ich den Namen *dauricum* in *Sibiricum* umzuändern vorschlagen möchte. Eben so glaube ich, dass
der *Trifolium [?] altaicum* reducirt werden müßte. Dieses Gebirge ist allerdings am bekanntesten, aber viele plantae altaicae kommen auch anders wo
vor. – *Myosotis rupestris, Viola lanceolata* [Viola gmeliniana], *Phlox Sibirica,
Saxifraga bronchialis, Papaver nudicaule, Androsace villosa*, ein *Astragalus,
Fragaria* ein *Carex, Lychnis* wurden gefunden.
  Große Blöcke von Eis lagen noch am Ufer, weiter unten blühte *Polygonum
divaricatum*; *Scorzonera*, foliis angustioribus; *Phlox sibirica*. Pallas Bemer-

kung in Ansehung der Lacinien der Corolla und der Flecken [?] der faucis ist
richtig. Man glaubt zuweilen 2 besondere Pflanzen vor sich zu haben. –

12 Werste von der Station fieng ein Sandgebirge mit unterliegenden Kalkflötzen an, dessen dünne Schichten man an einer ausgespülten Stelle des
Ufers deutlich sehen konnte: *Phaca lanata* war im Flugsande sehr häufig. –
Die Einwohner ziehen keinen Nutzen von dem allenthalben an der Lena vorkommenden Kalk. Wenn sie diesen und die Steine benützen wollten, so könnten mit leichter Mühe beinahe überall die hölzernen Hütten in steinerne Häuser verwandelt werden. –

Am Ufer unter den Kalkflötzen fanden sich hier auch Steinkohlen, die aber
von sehr lockerer Substanz sind, und an der Luft zerfallen. Man findet auch
Geschiebe von grünem Jaspis, große Stücke von Feldsteinen mit eingespreng-
tem schwarzen Glimmer in größeren Blättchen und andere derbe Steine, auch
Gerölle und Quarz und klaren Kieseln, rothem Mergel und Thonschiefer. –
Cypripedium guttatum fieng an zu blühen. *Rhododendron dauricum* ist sehr
häufig in großen Büschen. –

Ich fand hier einen schon vor 35 Jahren zur Zeit der Regierung der Kaise-
rin Elisabeth Exilirten; er hatte in Jakutzk geheirathet und 12 Kinder am Leben.–

Von Wittim an werden die Stationen gewöhnlich von Verwiesenen gehalten, die sich hiebei größtentheils sehr gut stehen; sie miethen gewöhnlich
Jakuten als Arbeiter und Schiffleute, wovon mehrere Familienweise am rechten Ufer der Lena nach ihrer Art unter jakutischen Jurten leben.

Abends hatte ich die Station Scherwinskoi erreicht, welche eine sehr ro-
mantische Lage in einer Vertiefung zwischen zwey Bergen hat, die sich an
ein höheres Gebirg anlehnen, welches sich in verschiedenen Abstufungen erhebt, und dann sanft verflacht. Schräge gegenüber erheben sich aber kühne
schroffe Felsen – die Station ist von der vorher benannten 30 Werst entfernt.

Ohnweit derselben fand ich in einem Gehölze eine todte Eule aufgehängt,
an ihr war noch eine andere kleine Eule mittelst eines Riemens befestiget. Die
Jakuten sollen für diesen Vogel eine besondere Verehrung haben; so wird
[vielm.: wie] auch für die Krähen. –

Obschon die Hitze der Tage noch nicht groß und selten war, so fängt hier
doch schon die sibirische Mükken Plage an. – Man bedient sich hier des getrockneten Kuhmistes, den man anzündet, um durch einen unaufhörlich unterhaltenen Rauch die Mükken einigermaßen abzuhalten. – Die Schiffarth auf
der Lena ist allerdings noch in der ersten Kindheit. Ich begreiffe z. B. nicht
warum man sich hier nicht der Seegel bedient, welche besonders den Rück-
transport stromaufwärts sehr erleichtern würden; um so mehr da die herr-

schenden Winde auf dem Fluße immer Seewinde sind. Wenn der Gebrauch
derselben nur ein mal durch einen unternehmenden Menschen eingeführt
würde, die Bauern und Jakuten würden bald lernen, mit denselben umzuge-
hen. Bey dem Überfluß an Holz könnten auch bessere Fahrzeuge gezimmert
werden. Der Bau der gewöhnlichen Barken ist äußerst unförmlich. Gewöhnlich ist es blos ein viereckiger länglichter Kasten mit einem abhängigen Dach
den die Faulheit erfunden hat und den die Nachlässigkeit regiert. Dieser Kasten wird ganz ähnlich mit Mehl oder Korn vollgeschüttet das oft, trotz seiner
Kostbarkeit für diese Gegend, dem Verderben ausgesetzt ist, da das Fahrzeug
nicht einmal verpicht wird, obschon man doch Harz genug gewinnen könnte.
– Holz ist allerdings nicht gespart, wodurch das Ganze unbehülflich und
schwer zu handhaben ist. Man könnte gewiß zwey brauchbare Barken von
eben der Größe aus einer machen. Es steht allerdings zu erwarten, dass die
Regierung auf die Verbesserung der Schiffahrt durch sachkundige Männer
auf diesen für die Verbindung mit den entferntesten Provinzen so wichtigen
Ströme bedacht seyn wird. Oft wird man durch Mangel an Schiffleuten und
durch die Grobheit und Armuth der Postkutscher aufgehalten. Da die Böthe,
die aufwärts gehen, gegen den Strom gezogen werden müßten, so verursacht
dieses oft einen Aufwand von Pferden, dem durch Beihülfe eines Seegels
schon um Vieles abgeholfen werden könnte. Freilich wäre es gut, wenn man
zu diesem Zwecke irgend ein kleineres und leichteres Boot mit einem Kiel
und Mast zum Gebrauch der Post als Muster bauen ließe, nach welchem allmählig die übrigen auf dem Flusse erbaut und eingerichtet werden könnten.
Das Bedürfniß eines Seegels wird oft so sehr gefühlt, dass die aufwärts fah-
renden Fuhrleute, um die Last den Pferden zu erleichtern, oft an einer auf
Boothe errichteten Stange für den Augenblick eines günstigen Windes eine
Art Seegel aus Filzdekken oder Matten befestigen. Auf einer einzigen Station
fand ich jedoch ein verpichtes und mit einer Art von Seegel versehenes Booth
welches einem Verwiesenen aus Russland, der einige Talente besaß, gehörte.
–

   Wir hatten seit einiger Zeit beinahe beständig Nordostwinde, wobey es mir
jedoch auffallend war, dass sie auf der Lena nicht so alt sind, als sie es unter
den Umständen seyn könnten. Ich konnte mir die Ursache nur aus den hohen
Gebirgen erklären, die östlich von der Lena das Land bedecken. –
   Etwa drei Werste von der Station Uschatschanskoi, welche 30 Werst von
der früheren entfernt war, und wo ich in der Nacht ankam, hat das linke Ufer
der Lena eine fürchterliche Umwälzung erlitten. Es hat sich nämlich dasselbe,
das sehr hoch und felsicht ist, gewaltsam auseinander gerissen, wodurch in
der Mitte der Schlucht der Fluß Kamenska seine Bildung erhielt. Die linke

Seite des Flusses trägt noch die deutlichsten Spuren dieser gewaltsamen Klüftung. Auf der Höhe ragen Säulen und Felsenstücke hervor, die das Ansehen von gothischen Ruinen haben. Das gegenseitige Ufer sieht völlig abgerissen aus und hat eine unförmliche Hervorragung aus dem Flusse, den sie mit ihrer Spitze gleichsam vorhällt. Schräge über diese Kluft befindet sich in der Lena noch ein abgerissenes Felsenstück, welches einen 6 Faden über dem Wasserspiegel erhöhte Felseninsel bildet, und die mit eben dem Gehölze als das Flußufer bewachsen ist. Sie hat an 150 Faden im Umkreiß. Die Lena ist hier sehr tief.

den 8ten Juny

Am folgenden Morgen wurde aus der Station Dschaganskoi ausgefahren, welche von der vorigen 25 Werst entfernt ist. Hier fand ich einen unter dem Kaiser Paul verwiesenen Gardeofficir vor. Auf ebenem flachen Lande stand häufig am Ufer *Pulmonaria Sibirica,* die eben zu blühen anfing. *Lycopodium rupestre* fand sich häufig im Sande an schattigten Örtern am Abhange eines Felsens. *Hedysarum flore amoene rubro. Potentilla fructicosa* [!] fingen sich an zu zeigen, blühte aber noch nicht. Zwanzig Werst von der letzten Station fährt man am linken Ufer einer sehr hohen Felsenwand vorüber, welche vom Flüßchen Kadar anfängt. Am Fluße und an den abhängenden Stellen der Felsen, die wie die Trümmer einer Ritterburg mit ihren Spitzen an 60 Faden über die Lena hervorragen; öfters eine steile, glatte Wand, dann wieder sonderbare Gruppen bildend, zwischen welchen die Erde eingestürzt ist, und einen fürchterlichen Anblick gewähren, fand ich abermals *Pulmonaria Sibirica* in völliger Blüthe, *Lychnis, ? – Thalictrum alpinum? Anemone narcissiflora, Cypripedium macranthos, guttatum, Pedicularis, Aquilegia alpina? Hedysarum? – Astragalus foliis sericeis; Silene?* Diese Felsen bestehen aus einer Mischung verschiedener Gesteine. Die Hauptmasse besteht aus dem gewöhnlichen derben Sandsteine mit abwechselnden Lagen von rothem Schiefer, gelbem Mergel und andern Steinarten, die ich ihrer Höhe wegen nicht genau unterscheiden konnte. Die starke Vegetation ist ohne Zweifel dem Mergel, Thon und Kalk zuzuschreiben.

Die Station Matschenskoi ist von der vorigen 35 Werst entfernt. Zwischen dieser und der Station Charatuba 50 Werst von der letzten, befinden sich die sogenannten Harfenberge (Gusline Gori). Sie sind von der vorigen Station 8 Werste entfernt, und man unterscheidet sie schon an ihren Streifen in einer Entfernung von 17 Wersten. Es sind 2 Berge, die am rechten Lenaufer sich befinden. der nähere und kleinere ist hart am Ufer und zeigt auf seiner abhängigten Seite, die in einem Winkel von 20° abgesenkt ist, seine innere Struktur.

Er ist gegen 150 Faden hoch und formiert mit seiner stumpfen Spitze ein ungleichschenklichtes Dreyeck mit eingebogenen Seitenlinien. Die Basis derselben ist etwa 620 Klafter lang. Der Berg besteht aus rothem und grünem stratifizirtem Mergel. Das ganze hat ein fächerartiges Aussehen. Die Fläche gegen den Fluß ist kahl. Man sieht an ihr die Spuren der Zeit deutlich und gewiß ist er schon jetzt nicht mehr, was er zu Gmelins[54] Zeit war. Es werden weiterhin am Ufer andere Harfenberge entstehen, die der Macht der Zeit ebenfalls unterliegen werden. – Ich fand am Abhange einen Tetradynamisten[55], zu welchem man nur mit Mühe kommen konnte.[56] Der Kelch ist anliegend und bey der völligen Entwickelung der Corolla dunkelgelb mit dunkler gefärbter callöser Spitze. – Die Lacinien sind stumpf, zugespitzt, die Corolla weiß. Die Nägel sind soweit sie vom Kelche umschloßen werden blaßgelb gefärbt. *Planta vere montana rigida folia, quasi carnosa glauces, centia.* Zwischen den Bergen kommen zwei kleine Flüße hervor, die Uellün [Wilui?][57] genannt werden.

Der zweite Berg steigt sanft hinan, ist nicht so zerrüttet, hat regelmäßigere Streifen, und formirt eine längere Bergfläche von unbestimmter Figur, die ebenfalls gegen das Ufer ganz kahl ist. Der Gipfel besteht aus ziegelfarbigem röthlichem Gestein. Die Klüfte sind mit Nadelholz bewachsen. – Der Name dieser Berge hat sich seit langer Zeit erhalten. Man bemerkt in der Ferne deutlich das Entstehen eines dritten Harfenberges. Ohne Zweifel besteht diese ganze Gebirgsreihe aus einer gleichen Mischung. Die Gegend dieser Berge ist durch die ältere[58] Geschichte der Jakuten merkwürdig.

Ich sah heute die ersten Jakutischen Wohnungen sowie die ersten Weiber [?] dieses Volks, welche damit beschäftigt waren, Baumrinde zur Speise zu bereiten. –

Wir kamen erst um halb 7 Uhr Abends in der Station Charatubü, welche 50 Werst entfernt ist, an. Das Wetter war nun außerordentlich schön, und ich fühlte in vollem Maaße, dass die nördlich asiatischen Gegenden auch ihre

---

54   [Johann Georg Gmelin (Tübingen 10. Aug. 1709–20. Mai 1755 Tübingen) bereiste diese Gegend im Rahmen der Großen Nordischen Expedition (1733–1743). Vgl. *D. Johann Georg Gmelins Reise durch Sibirien, von dem Jahr 1733 bis 1743.* 4 Bde. Göttingen 1751–1752. – Vgl. Helmut Dolezal: Gmelin, Johann Georg. *Neue Deutsche Biographie* 6.1964, 479.]

55   [Zu dieser Klasse der Linnéschen Klassifikation gehören Pflanzen mit 6 Staubfäden, von denen 2 kürzer sind.]

56   [Corolla cruciata congenerum.]

57   [Vgl. Gmelin II 349.]

58   S. Gmelins Reise. [II, mit ausführlicher Darstellung]

Reize haben. Die herrliche, wirklich imposante Lena, die äußerst reine Luft, der beinahe immer heitere Himmel, die sanfte Helle der Sommernächte, die schönen in vielerley Formen abwechselnde Ufer, die prächtige Vegetation in der Abwechslung von seltenen oft dem europäischen Auge unbekannten Kräutern – sollte dies nicht reizend genug sein? –

Es ist zu vermuthen, dass in dieser Gegend von Sibirien noch manche neue Pflanze gefunden werden könnte; wenn man mehr in das Innere nach dem Apfelgebirge Jablonoi Chrebet vordringen möchte. Aber bis jetzt haben alle Reisende, die nach Kamschadka giengen, blos die Ufer der Lena besucht, und die Berge, welche in der Nähe sind, doch in das Innere der Gebirge ist schwerlich noch ein Botaniker oder Mineraloge gekommen. – Wie viele Pflanzen mögen da noch unentdeckt wachsen? – Freilich müßte eine solche Expedition ganz anders eingerichtet werden. – Sie müßte aus einer kleinen Gesellschaft von verträglichen und braven Menschen bestehen, sie müßte von einigen Kosaken begleitet uns mit Zelten versehen sein. Man bedürfte bey einer solchen Expedition, Lanzen und Schießgewehre im Fall man Bären begegnete, das einzige Raubthier, welches hier zu fürchten ist, und man müßte auch im Stande seyn, sich etwa gegen eine Horde übelgesinnter Jäger, die aus Exilirten bestände und auf die man in der von Wohnungen entfernten Wüstenregion stoßen könnte, zu vertheidigen. –

den 9ten Juny
In der Nacht wurden die Stationen Gilden – 33 Werst und Nilana – 33 W. zurückgelegt. Man wird bemerken, dass die Namen der Stationen nicht mehr russisch klingen, und wahrscheinlich jakutischen Ursprungs sind. –

Am rechten Ufer fand ich *Polemonium lanatum, Actaea spicata,* mehrere Carices. Am linken Ufer bemerkt man den Fluß Tscherindei, der sich mit mehreren Mündungen in die Lena ergießt.

Die Station Tscheringeiskoi ist von der vorigen 35 Werst entfernt. Zwischen dieser und der Station Berendinskoi 38 Werst von der letzten, bemerkte ich an dem Fuße eines Felsens noch den Fluß Dera hervorkommen, von dessen Mündung einige Enten aufflogen, welche auf Eyren brüteten, die beynahe die Größe von Gänseeyern hatten. An eben diesen Felsen fand ich eine *Liliacea* am Wasser an schattigten Örtern, *Corolla sexpetala (Stamina antheris fuscis notata)* in *Spicam coarctatam dispositae, folia disticha Moraeae.* Ich weiß sie zu keinem Geschlechte zu bringen. Hier fand ich gleichfalls die *Liliacea* mit dem Nectarium. – *Dryas octopetala.* Zu den sogenannten Talokosennoi Bergen konnte ich nicht kommen, wegen der Breite der Lena, die hier über drey Werst beträgt; es war schon zu spät am Tage. Sie bilden ein erhabenes Ufer an der rechten Seite des Flusses; sie bestehen aus Sand, dessen blendende Weiße von weitem ins Auge fällt. –

Ich bekam in dieser Gegend die ersten Notizen über die siphilitische Krankheit die hinn und wieder unter den Russen und Jakuten häufig, und ihrer Lebensart wegen sehr hartnäckig sein soll. Die Bauern versicherten, dass sie sich gegen diese Krankheit einer Pflanze zum Dekokt bedienen, der sie auch den Namen Dekokt! beygelegt haben. Die Pflanzen selbst konnte ich aber nicht erhalten. – Vielleicht gelingt mir dies in der Folge.

Die Lenaufer schienen mir späterhin flach zu sein, welches aber auch am Abend bei der Breite des Flusses eine optische Täuschung seyn konnte. –

Den 9ten spät kamen wir in Olekminsk oder eigentlich dem Comissariat von Olekminsk an. –

Den 10ten Juny

Dieser Ort bot mir weder von seiner äußeren noch inneren Seite einen erfreulichen Anblick dar. Ein grober Commissair schlug mir erst in besoffenem Muthe das Quartier ab, entschuldigte sich aber nachher und bat mich ich möchte nicht darüber rapportiren. Es ist unbegreiflich, welch gemeinen groben Pöbel man unter den sogenannten Beamten vom unteren Range in dieser entfernten Gegend trifft. –

Die vormalige Stadt Olekminsk ist noch viel schlechter als Kirensk, und soll in älteren Zeiten, als der Weg nach dem Amurflusse noch durch diese Gegend gieng, berühmter gewesen sein. Sie liegt hart am linken Ufer der Lena und ist öftern Überschwemmungen ausgesetzt. – Ich sah hier einen Ort von schwimmenden Kaufmannsbuden, nämlich Barken die reisenden Kaufleuten angehören, und in welchen die Waaren wie in einer Jahrmarktsbude ausgestellt waren. –

Ich machte hier Bekanntschaft mit einem Staabschirurgen Namens Andreas Dolganov, der aus Olensk gekommen und krankheitshalber hier zurückgeblieben war. Er gab mir über Olensk und Säschiversk in medicinischer Hinsicht folgende Nachrichten. In beiden Ortschaften soll die Lues venerea sehr häufig vorkommen, welche des äußerst kalten Klimas wegen sehr hartnäckig und fast gar nicht zu heylen ist. Dazu kommt, dass die Einwohner sie bis zum höchsten Grade kommen lassen, und Lokalaffectionen für Nichts achten, dann erst zum Arzt gehen, wenn der ganze Körper ergriffen ist und sichtbare Spuren der Verwüstung trägt. Der Skorbut kömmt ebenfalls sehr oft vor, welches den schlechten Nahrungsmitteln zuzuschreiben ist, und verbindet sich gewöhnlich mit der Lues. Nichts destoweniger gebrauchen die Kranken nach der allgemeinen russischen Volkssitte den Zinnober über Kohlen gestreut als

Räucherung, wodurch die Lues nicht geheylt und der Skorbut vermehrt wird.
– Rheumatische Krankheiten sind allgemein und kommen unter verschiedenen Formen vor. – Die Scabies ist nicht selten. Von einer Art Lepra war ihm ein Fall bekannt, und er vermuthet, dass diese Krankheit aus Amerika über Kamschadka hierher gekommen sey. Die Schutzpocken werden schwerlich mit gutem Erfolg im nordöstlichen Asien eingeführt werden können. Der harte Körper der Einwohner soll, nach ihm, für diesen Ansteckungsstoff wenig empfänglich sein, und so gar die schmutzige lederartige Beschaffenheit der Haut der wilden Völker dem Eindringen der Lanzette Hindernisse entgegen setzen. – Wahrscheinlich sind bis jetzt mit keiner guten Materie Versuche gemacht worden. Auch die Stupidität und der Aberglaube der des Volkes stehe der Einführung im Wege. – Z. B. die Jakuten geben nicht gern wieder den Impfstoff ab, weil sie glauben, dass sie schon blos daran sterben könnten. – In diesem Falle würden sie sich also sehr von den russischen Mongolen oder Buraeten unterscheiden, welche in der Gegend von Irkutzk und Kiachta die Kuhpocken mit Freude aufgenommen haben und sie als wahre Wohlthat verehren. Dr. Roestein in Irkutzk soll jedoch damit schon über 800 geimpft haben. – Die natürlichen Pocken sind jetzt nicht häufig und wurden wohl ehemals blos durch die Russen hierher gebracht. In älteren Zeiten sollen viele Jakuten daran gestorben seyn. – Um Olensk soll sich viel gediegenes natürliches Eisen vorfinden. Das wäre freylich sehr merkwürdig, jedoch weiß ich nicht, in wie fern ich den mineralogischen Kenntnissen meines Gewährsmannes trauen kann. Es soll zugleich von solcher Härte sein, dass es um Gebrauch nicht gestählt zu werden brauche. Das Eisen soll sich besonders an Flüßen vorfinden. Am Wileú [Willei?] werden, wie bekannt, eine Menge merkwürdiger Foßilien gefunden. Auch in Suntar sollen sich die dortigen Priester mit dem Auflesen von merkwürdigen Steinarten abgeben, und sie an Kaufleute verkaufen. Nachmittags fuhren wir von Olekminsk bis zur Station Saloniskoi, wohin man 25 Werst zählt. Hier liefen uns die Ruderknechte fort, weil auf dieser Station sich nur wir derselben vorfanden, und sie befürchteten, dass man sie zwingen würde, uns weiter zu rudern.

Den 10ten Juny
Gestern kamen wir in der Station Kamaninskoi an, von voriger 44 Werst entfernt.

Den 11ten Juny

Morgens wurde die Station Charabalskoi erreicht, welche ebenfalls 44 Werst von der letzten entfernt liegt. Etwa 7 Werst von dieser am linken Ufer ist ein mäßiger hoher Bergrücken, welcher aus Kalkgeschieben besteht. In mineralogischer Hinsicht ist diese Stelle sehr merkwürdig. Ich fand hier viel versteinertes Holz, welches zum Theil in Feuerstein zum Theil in Chalcedon übergegangen war. – Nach der Aussage einiger Tungusen sollen etwa 70 Werst von hier an dem Fluße Talba rothe Feuersteine gefunden werden, welches wahrscheinlich Agathe sind. – Auf den Bergen fand ich *Cypripedium Calceolus* gewöhnlich mit zwey Blumen. Carices und eine noch nicht blühende *Orchidea, faliis radica, libus linearibus,* wahrscheinlich eine *Serapias*. Ich hatte hier Gelegenheit, die Nachlässigkeit zu bemerken, welche sich den nomadisirenden Tungusen in Hinsicht des Feuers zu Schulden kommen laßen. Da wo sie sich gelagert hatten, löschen sie dasselbe gewöhnlich nicht aus, wenn sie davon ziehen, sondern es wird dies vom Zufall oder dem Regen überlaßen; daher entstehen oft Waldbrände, welche zuweilen ganze Wälder verzehren und sich manchmal bis zu den Dörfern erstrecken. Bey der Nacht gewährt ein solcher Waldbrand in der Ferne am Horizont einen fürchterlich schönen Anblick. Ich sah hier in der Ferne in einer beträchtlichen Stelle einen dicken Rauch, der einem solchen Waldbrand zugeschrieben wurde. Die Lena hat hier einen äußerst geraden Lauf; die Ufer derselben sind sehr waldicht, und Bären sollen hier häufig sich zeigen, und davon besonders die Mütter weil sie jetzt ihre zwey Jungen, begleiten, gefährlich und wüthend sein. Man warnte mich daher nicht tief in die Waldungen zu dringen. – Die Bären sollen besonders die *Anemone* und die *Vicia* gern fressen. – Es wurden an demselben Tage noch die Stationen Chatuen-tuimuskoi von 42 Werst und die Station Marcholskoi 22 Werst, am Marcha-Fluße[59] zurückgelegt.

In der Nacht wurde die Station Faniachtaskoi von 40 Werst vorbeigefahren, und ich kam Morgens in Malikanskoi an. Etwa 5 Werste von da am rechten Lenaufer, welches überhaupt an Reichthum der Pflanzen das linke übertrifft, hatte ich am Fuß der Gebirgskette eine schöne Pflanzen Erndte. Ich erkletterte auch mit Mühe einen Berg, welcher aus zerschellten Felsentrümmern bestand und das Gehen sehr beschwerlich machte. Am Saum dieses Gebirges fand ich *Pedicularis species duas*, eine *Viola caule ascendente uniflora folia reniformia – flos flavus striatus, Saxifraga geifolia* blühend, *Cortusa Matthioli*. Die Siberische *Cortusa* ist gewiß von den europäischen verschieden und zwar 1) *Caule alteriori, et habitus totius plantae* 2) *Pubescentia caulis et faliorum* 3)

---

59   [Gmelin II, p. 378.]

Foliorum forma quorum lobi rotundati, nec in angulas dentibus praeditos exeuntes observantur. Es frägt sich daher, ob diese *Cortusa* eine andere Art oder ob sie die *Cortusa Gmelini* wirklich sey. *Fumaria paeonifolia, Salicum humiliorum, Species complures* an Felsen in moosichten beschatteten Stellen. In einer mäßigen Höhe vom Ufer war *Polypodium fragrans* häufig und blühte, die alten Blätter hatten den gepriesenen Wohlgeruch, schmeckten aber als Thee infundiert bitter. Die Pflanze wächst niedrig, breitet sich nach Art der Cycas Arten durch Seitenläufer stark aus, hat eine sehr tiefgehende, auf blosen Felsen und nur im Moose sich befindende Wurzel. man könnte allerdings dieses Farrenkraut als medicinischen Thee benutzen. – Ferner ein Exemplar von *Spondylus Ceramboides.* Es erhob sich ein starker Wind, deshalb suchte ich nach dem linken Ufer zu kommen, wo ich eine *Caryophyllacea* fand und verschiedene Lepturen[60], ferner *Spiraea crenata.*

Den 13ten Juny
Die Stationen Isinskoi 35 Werst Tschurinskoi 3 Werst, Onmuranskoi 25 Werst und Sünizkoi am Flüßchen Sünia, wo ich Morgens ankam, wurden zurückgelegt. Die Lena ist hier sehr breit und voller Inseln. Von der vorigen Station bis Batamoiskoi rechnet man 27 erst. Etwa 5 W. von dieser Postirung fangen die sogenannten Stolbi an.

Gerade über der Station Batamoiskoi befindet sich das Flüßchen Stolbovoi, welches wie zwischen einer Pforte, die von zwey sich gegenüberstehenden Felsen gebildet wird, hervorkömmt.

Der Fluß soll 40 Werst weit von einem Gebirge herabkommen. Die Lena hat hier eine Breite von 5 Werst.

Diese Berge, Stolbi[61] genannt, sind wahrscheinlich Neptunischen Ursprungs; es ist zu vermuthen, dass die Lena in früheren Epochen einen ganz anderen Lauf gehabt hat, und sich später einen Weg durch die jetzigen Gebirge gebahnt hat; sie hat auf ihrem Wege die Ecke dieses Gebirges ausgespült und die damals vielleicht noch lockere Gebirgsmaße aufgelößt. Auf diese Weise bildeten sich aus der harten Steinmasse die Säulen; diese blieben nämlich vom Wasser unangegriffen stehen und bekamen ihre jetzigen Formen. Der Fluß zog sich allmählig in seine Ufer zurück und die säulenförmigen Massen erhärteten durch den Zutritt der Luft, die Zeit und andere Umstände. An ihrem Fuße erzeugtes ich allmählich Erde, welche zu der jetzigen kümmerlichen Vegetation Anlaß gab. Nehmen wir an, dass die sogenannte

---

60   [Leptura – Bockkäfer]
61   [russ. stolby: Säulen]

große Überschwemmung, der alle Geologen von Moyses bis auf unsere Zeiten beypflichten der Erde eine ganz andere Gestalt gegeben haben, und berücksichtigen wir, dass an dem Ausfluß der Lena Mamuthsknochen und Rhinoceros Skelette durch eben diese Hypothese gekommen seyen, so ist es auch zu glauben, dass diese Ursache zunächst auf das Erstehen dieser Säulen und der verschiedenen andern merkwürdigen Felsenparthien an der Lena einen großen Einfluß gehabt haben. Noch ein Grund für diese Meinung besteht darin, dass man an der Lena beynahe keine Urgebirge, sondern meistens nur Gebirge von späterer Bildung und Flötze findet. Das äußere Ansehen dieser Stolbi ist sehr sonderbar und giebt der Einbildungskraft zu Vergleichungen den merkwürdigsten und reichhaltigsten Stoff. Ihre Höhe ist beträchtlich und sie dehnen sich in einer Strecke von 30 Werst aus. Es sollen hier Eisenwerke gefunden werden, die in früheren Zeiten bearbeitet wurden. Die Vegetation ist kärglich, ich fand nur das *Polemonium lanatum.*

Den 14ten Juny
Die Station Titari[62] ist 22 Werst entfernt. Zwischen dieser und Toen-ari[63] ist eine Distanz von 42 Werst, wo wir Morgens ankamen. Man versicherte, dass am linken Ufer der Lena sich Höhlen in Kalkflötzen befinden. Zwischen der vorigen Station und der Station Bestiachskoi sind 27 Werst. Zwischen dieser und Ulachanskoi sind 34 Werst. Ich bemerkte hier einige Haufen gebrannten Kalch von der blendensten Weise, die aber schienen vernachlässigt zu sein. Hier ist auch ein kleines Kloster Pokroffskoi monastir[64] genannt. –

Den 15ten Juny
Den 15ten fuhren wir nach der Station Mabatschinskaia. Sie ist von der vorhergehenden zwar nur 33 Werst entfernt, aber wir brachten wegen den vielen Krümmungen des Flusses in der Durchfahrt zwischen den Inseln derselben mehr als 4 Stunden auf dem so kurzen Wege zu, und kamen Morgens früh auf der Station Mabatschinskaia, der letzten vor Jakutzk an.

Von hier rechnet man bis Jakutzk nur 23 Werst, die wir aber der Lenainseln wegen nicht sehr schnell zurücklegten.

Auf dem halben Weg etwa bekommt Jakutzk, das sich von der Ferne ziemlich vortheilhaft ausnimmt. Die Lena macht hier viele Inseln, die von den

---

62   [Tit-arü (Lerchenbaum-Insel) bei Gmelin II, p. 386.]
63   [Wohl Tojon-arü bei Gmelin II, 387.]
64   [Gmelin II, p. 388: Zu seiner Zeit war das Kloster abgebrannt; hier scheint es sich um einen Neuaufbau zu handeln.]

Jakuten zu Heuschlägen benutzt werden. Viele wohnen auf derselben während des Winters und ziehen aber gegen das Frühjahr auf das feste Land zurück, um den Überschwemmungen auszuweichen, welche diese Inseln dann gewöhnlich ganz oder zum Theil bedecken. Die Ufer dieser Inseln sind gewöhnlich sandicht, und nicht hoch über der Fläche des Flusses. Das linke Ufer der Lena besteht aus Kalkflötzen und hat einige diesem Boden eigene Pflanzen. – Es werden auf den Felsen und auf Wiesen gefunden: *Dracocephalum thymiflorum, Astragalus, floribus coeruloeis, Astragalus flor: coeruleis [!]; Astragalus flor: albidoflavis.* – Zwey Grasarten, eine *Rosa*. Noch vor dem halben Wege kommt man den sogenannten Chaglanskoi Kamen vorbey, welches eine hervorstehende Ecke von ziemlicher Höhe des obenerwähnten Kalchflötzes ist. Weiterhin ist das Ufer immer flach. Die Lena hat um die Gegend von Jakutzk schon eine beträchtliche Breite, die man an 6 bis 7 Werst rechnet. Dieses und die vielen Inseln erschweren die Einfahrt nach Jakutzk, so dass unerfahrene Leute statt nach Jakutzk zu kommen, geradezu nach Tchiganskoi gerathen sind. –

Jakutzk nimmt sich in der Ferne wie gesagt, sehr gut aus. Die Stadt scheint von da hart am Flußufer gebaut zu seyn; und die weitläuftige Bauart der Häuser macht, dass die Stadt sehr groß aussieht, welche Täuschung aber bei einem näheren Standpunkte verschwindet. Die Kirchen und Klöster verschönern indessen die Ansicht ungemein. Obgleich man sich auch dann, wenn man in der Nähe ist, der Stadt gerade gegenüber befindet, so kann man doch nicht gerade zu hinkommen, wegen der vielen Sandbänke, welche sich in der Nachbarschaft der Stadt befinden, die man vermeiden und umgehen muß.[65] Man fährt daher den Fluß eine beträchtliche Strecke hinauf, um über die Spitze der letzten Sandbank zu kommen. Hier ist das Fahrwasser sehr nachlässig mit blosen Stäbchen bezeichnet. Nachdem diese Gefahren zu stranden überstanden sind, fährt man nun links gerade zu nach der Stadt. – Ich erreichte Jakutzk am 15ten Juny vormittags und wurde von dem Stadthaupt (Garodonitschi[66]) sehr freundschaftlich empfangen. Ich wurde bey dem Kaufmann Ivan Jephimitsch Jephimov einquartirt, der zugleich Übersetzer der Jakutischen Sprache bei der hiesigen Gerichtsbehörde ist, und befand mich bey diesem Manne sehr gut. Ich machte noch an demselben Tage mit dem russischen Befehlshaber über die Jakuten, dem Jakutischen Oblast Ivan Gregoritsch Kardaschoffsky Bekanntschaft, und gab ihm meine Briefe ab. Er behandelte mich

---

65   [Gmelin II, p. 390 ff. gibt eine Schilderung seiner Schwierigkeiten mit der Einfahrt
      nach Jakutsk.]
66   [russ.: gorodničij – Polizeimeister, Stadthauptmann.]

auf das Gefälligste und versprach mir sogleich sich mit den Anstalten zur Beförderung meiner weiteren Reise über den Aldanschan Weg zu beschäftigen. – Am andern Morgen erschienen die ersten Kaufleute der Stadt, um mir einen Besuch zu machen. Jacob Wasilitsch Popov und Alexei Sacharov, beide mit Medaillen geziert. Ich machte sogleich Bekanntschaft mit dem Proviant Commissär Carl Maximitsch Prebsten und Lev Abramitsch Nassarov, mit dem verabschiedeten Capitain Victor Kusmitsch Tchiganov aus Ochotsk und dem alten Stabschirurgus Klebaschaffsky, welche mir Alle, theils durch die Rathschläge, die sie mir in Hinsicht meiner weiteren Reise gaben, theils durch die Nachrichten, die sie mir über die Jakuten und Tungusen mittheilten sehr gefällig und nützlich waren. Jakutzk war ehemals eine von den kleinen hölzernen Festungen, welche vor mehr als 150 Jahren die Eroberer Sibiriens in dieser Gegend an dem linken Ufer der Lena angelegt haben, von welcher sie oft auf ihre Streifungen ausgingen, und beinahe immer wieder darauf zurückkamen. Wenn man sich mit den Geschichten dieser nordöstlichen Flibustier bekannt macht, so muß man über den Unternehmungsgeist und die Ausdauer, welche sie bei all ihren Expeditionen bewiesen, billig erstaunen. Mehrere dieser merkwürdigen Streifzüge welche die seltenste Ausdauer mit dem kühnsten Unternehmungsgeist vereinigen, findet man in Müller Sammlung Russischer Geschichte[67], d. H.

Die Stadt liegt unter dem 62° 01' 30" nördlicher Breite und unter dem 147° 30' der Länge v. Tero [Ferro]. Von Irkutzk ist sie 2562 Werst entfernt.

Die Stadt ist weitläuftig, aber ohne Plan gebaut, hat hölzerne Häuser, 8 Kirchen wovon einige von Stein und ein Kloster. Die alte Festung mit den dazu gehörigen Gebäuden ist ohnstreitig noch das Merkwürdigste, was die Stadt aufzuweisen hat. Diese sibirische Krepost ist noch recht gut erhalten, wenigstens besser als die übrigen Kreposte dieser Art, die ich in Sibirien gesehen habe. –

Sie hat 160 Faden im Umfang, ist von Lerchenholz erbaut. In dem Innern derselben befindet sich eine gut erhaltene steinerne Kirche, ein Glockenthurm und einige andere Gebäude.

Der sogenannte Kaufhof (Gastinoi Dwor[68]), das Kloster, die Proviantmagazine und übrige Gebäude der Stadt sind von weniger Bedeutung. Es giebt hier keine regelmäßige Straßen außer einer, die man allenfalls so nennen könnte. – Außer jener Krepost hat die Stadt keine Befestigungen. Es giebt zwei Hospitäler hier aber ebenfalls von keiner Bedeutung, und sie verdienen

---

67   [Müller, G. F.: *Sammlung russischer Geschichte*. St. Petersburg: 1.1732/35-9.1764.]
68   [russ.: gostinnyj dvor.]

diesen Namen nicht. Das eine ist in einer blosen Jurte angebracht. An manchen Orten der Stadt giebt es Pfützen von stehendem Wasser, das nicht austrocknet. Man gräbt hier keine Brunnen wie natürlich, wegen des Frostes in der Erde, die nur 2 bis 3 Fuß tief aufthaut. Man trinkt Lenawasser. Das Eis der Lena bricht gewöhnlich gegen den 10ten May auf.

Die Stadt hat ohngefähr 3000 Einwohner. Es giebt aber keine sehr Reiche darunter. Man zählt nur 2 bis 3 eigentliche wohlhabende Kaufleute. Es giebt hierein Stadtkommando von 33 Mann mit einem Officier und vier Unterofficiere. Diese sind aus den eingegangenen Städten genommen, und stehen unter dem Stadthauptmann. Dann eine Garnisons Companie von 200 Mann unter einem Major und 3 Officieren, von dem Regiment, welches in Irkutzk liegt. Ohngefähr 100 Mann Kosaken welche wie in den übrigen Sibirischen Städten bürgerliche Gewerbe treiben. – Von den Jakuten und Tungusen wird keiner unter die Soldaten genommen, obgleich Erstere öfters und sogar schriftlich darum gebeten haben sollen. –

Bey dem Kaufmann Popov sah ich mehrere Mamuth's Zähne und Mamuths Knochen. Er gab mir eine Beschreibung und die Zeichnung eines Thieres von ungeheurer Größe, welches seit einigen Monaten, an der Mündung der Lena ohnweit den Ufern des Eismeeres entdeckt wurde, und dort noch in gefrornem Zustande liegen soll. Dies ist das nämliche Mamuth Thier, zu dessen Aufsuchung späterhin Herr Adams[69] die Reise nach dem Eismeer unternehmen und dasselbe noch mit Haut und getrocknetem Muskelfleisch bedeckt in dem Sande des Ufers eingefroren fand.[70] Er brachte dasselbe späterhin nach Petersburg, wo das ganze Skelett nun in der Sammlung der Akademie der Wissenschaften aufgestellt ist. – Wir legen am Ende des Werks den Bericht, welchen Hr. Adams hierüber bekannt machte, bey. d. H.[71]

Ja, man versicherte mich sogar dass nicht nur einer, sondern mehrere Mamouthe an verschiedenen Stellen des Ufers des Eismeeres zu finden seyn sollen.

---

69   [Johann Friedrich Michael Adams, Moskau 1780–1/13. Juli 1832? Vereja, Naturwissenschaftler; Korrespondent der Akademie der Wissenschaften, 1805-1809 Adjunkt für Zoologie, seit 1811 Prof. für Botanik an der Universität Moskau und der Medizinisch-chirurgischen Akademie. 1814 Ehrenmitglied der Akademie der Wissenschaften. Er konnte mit der Golovkin-Gesandtschaft nicht in die Mongolei reisen und erhielt daher den Auftrag zu Forschungen in Sibirien. U.a. barg er an der Lenamündung ein Mammutskelett. *RBS* 1.1896, 60.]

70   [E. W. Pfizenmayer: *Mammutleichen und Urwaldmenschen in Nordost-Sibirien.* Leipzig 1926, 21, 24.]

71   [Der Herausgeber (d.i. J. Rehmann)]

Bey dem Kaufmann Sacharov fand ich einige Fossilien aus Kamschadka. Interessant war mir die Bekanntschaft mit dem Dr. Roestein, Inspector der Medicinalbehörde zu Irkutzk, der aber seit mehreren Jahren aus besonderer Vorliebe für die Jakuten, sich hier aufhält, und Lust hat, wie es mir schien, sein Leben hier zu beschließen. Das Gouvernement hat ihn schon mehrmal zurückgerufen, allein ein besonderer Gefallen an Jakutzk und seinen Bewohnern und das Bewußtsein hier nützlicher sein zu können, als in Irkutzk, wo es mehrere Ärzte giebt, hält ihn hier. Es ist allerdings ein Philosoph ganz eigener Art, und dabey ein unterrichteter Arzt, der in seiner Jugend deutsche Universitäten besucht hat, und einige Zeit auch in Strasburg zubrachte. –

Die Medicinalbehörde (Medicinskaia uprava) in Irkutzk hat im November voriges Jahr an den hiesigen Staabschirurgen Klebascheffsky Schutzpockenmaterie geschickt, welche von Eingeimpften in Irkutzk genommen war. Damit waren bis jetzt zu meiner Ankunft 1400 Kinder allmählig geimpft worden, nemlich 900 Kinder unter den Jakuten von dem Dr. Roestein, der unter diesem Volke ein großes Vertrauen genießt, und 500 von dem Staabschirurgen unter den Städtern und den Russen in der Gegend. Kein einziges geimpftes Individuum starb daran oder wurde bedeutend krank, welches sehr dazu beitrug, der Sache mehr Aufnahme zu verschaffen. Der Staabschirurgus Molinoffsky in Turuchanok soll von der Materie aus der nemlichen Quelle ohngefähr 400 Kinder mit günstigem Erfolge geimpft haben. Ich impfte mit dem Dr. Roestein gemeinschaftlich zwey Kinder, um von dieser Lymphe selbst eine Portion nach Ochotzk mitzunehmen, wohin durch die Fürsorge des würdigen thätigen Mannes bereits welche geschickt war. –

Nach der Aussage der Eingebohrenen wird versichert, dass die Pocken und Masern, so viel sie durch Tradition davon erfahren haben, von dem Jahre 1652 noch völlig unbekannte Krankheiten bei ihnen waren, und erst durch den Umgang mit den Russen dieselben ihnen überbracht wurden. Die Verhe[e]rungen, welche die Pocken im Jahre 1758 und jene, welche die Masern im Jahr 1774 unter ihnen angerichtet haben, sind ihnen noch in ganz frischem Andenken. Sie halten diese Krankheiten für so fürchterlich und scheuen sich so sehr davor, dass, sobald sie eine Ansteckung dieser Art unter ihren Kindern oder Weibern bemerken, sie alsbald ihre Wohnungen verlassen, in dem sie darin einige nothwendige Lebensmittel auf kurze Zeit für die Kranken zurücklassen, und nach den entferntesten Gegenden und Wäldern entfliehen, wo sie sich solange aufhalten als etwas von dieser Epidemie zu hören ist, und während dieser Zeit alle Verbindung mit den Angesteckten auf das strengste unterbrechen. –

Die venerische Krankheit soll auch hier und unter den Jakuten in allen Gestalten vorkommen und beinahe die häufigste aller chronischen Krankheiten in hiesigen Gegenden sein.

Besonders sind syphilitische Tophi von seltener Größe häufig. Tripper kommen nicht so allgemein vor als Chanker, welche sehr leicht die allgemeine Lues hervorbringen, welches aber zum Theil auf die Rechnung der schlechten Behandlung geschrieben werden muß.

Das Klima selbst soll ohngeachtet seiner außerordentlichen Kälte sehr gesund sei. – Unter dem Volke ist eine Mischung von Kräutern als ein allgemeines Heilmittel sehr im Gebrauch unter dem Namen Werchoganskaja Letschebnaja Drava[72]: Heilkräuter aus Werchogansk [Verchojansk]. Es ist eine Mischung aus *Artemisia – Potentilla* und einem *Polypodium*. In Kalymzkoi Krepost und am Willei soll eine Krankheit herrschen, welche die Prakach [?] oder auch die Jakutische Krankheit[73] genannt wird.

Nach der Beschreibung, die man mir davon machte, scheint es eine Art von Lepra zu seyn. Die Augenbrauen fallen dabey aus. Die Nägel schrumpfen ein, und die Haut wird allmählig lederartig. Man hat schon vor längerer Zeit von hier aus die Regierung um einen Arzt gebeten, dem die besondere Untersuchung dieser merkwürdigen Krankheit aufgetragen würde. – Übrigens sollen die Jakuten wenn sie einmal erwachsen sind, eine so feste Gesundheit genießen, dass sie fast gar keinen Krankheiten unterworfen sind, wenn dieselbe etwa nicht durch Reisende, durch Transporte, oder durchziehende Truppen zu ihnen gebracht wurden und es ereignen sich unter ihnen beynahe keine andern Sterbefälle als solche, welche von irgend einer Verletzung oder einem unglücklichen Zufalle herrühren. Hundertjährige Alte sollen nicht selten unter ihnen seyn. –

Ehe ich Jakutzk verlasse, glaube ich hier zusammenfassen zu können, was ich im Allgemeinen während meinem Aufenthalt in Sibirien über die Jakuten und ihre Lebensweise erfahren, um so mehr, da ich sonst im Verfolge meiner Reise oft wieder auf diese Gegenstände zurückkommen müßte. – Man erwarte hier keine gelehrte Abhandlung über ihren Ursprung und die Geschichte dieses merkwürdigen Völkerstammes, sondern blos eine treue Wiedergabe desjenigen, was mir teils von russischen Beamten und Dollmetschern, theils von andern glaubwürdigen Zeugen, welche sich oft und länger unter diesem Volke aufgehalten haben, mitgetheilt wurde. –

---

72   [russ.: Верхоянская лечебная трава.]

73   [Auch erwähnt von Friedrich Schnurrer: *Geographische Nosologie.* Stuttgart: Steinkopff 1813, S. 475.]

2te Abtheilung
Von den Jakuten
[Diese Zwischenüberschrift wurde von Rehmann eingefügt.]
Aufenthaltsort und Anzahl derselben.
Die Jakuten bewohnen jetzt die Kreise von Jakutzk, Olekminsk, Olensk, Sa-
schiversk[74], Ochotzk und Guschigunsk[75] des Jakutischen Gouvernements.
Nach der letzten Revision betrug ihre Anzahl 42,926 Männliche Seelen. Über
die Epoche in welcher sie nach diesen Gegenden gezogen sind, hat man aus
Mangel an schriftlichen Nachrichten wenig Gewißheit. Indessen wohnten die
Meisten derselben zur Zeit vor Eroberung Sibiriens näher bey dem Baikal und
in der Oberen Lena-Gegend in der Nachbarschaft der Buraeten und Mongolen.
Es ist zugleich sehr wahrscheinlich, daß sie in früheren Zeiten einen Theil des
mittleren Sibiriens mit den eigentlichen Tartaren eingenommen haben. Diejenigen, welche den Ochotzkischen Kreis bewohnen, wurden mittelst eines
Regierungsbefehls von der ehemaligen Sibirischen Prikas[76] zur Beförderung
der Post und der Kronstransporte im Jahre 1731 und in den folgenden in jene
Gegenden versetzt. –

Abkunft der Jakuten und ihre Unterwerfung dem Russischen Zepter
Einer so ziemlich allgemeinen Vermuthung zufolge, glaubt man überzeugt zu
sein, daß dieses Volk von den eigentlichen[77] sibirischen Tartaren, die noch
einen großen Theil des mittleren Siberiens bewohnen, abstammen, und man
führt hierüber folgende Gründe an. 1tens will man einige Ähnlichkeit in ihrem äußern Ansehn mit den Krasnojarskischen und in der Barabinskischen
Steppe wohnenden Tartaren bemerkt haben. 2tens soll die Jakutische Sprache
mit der tartarischen, obschon sie auch mit manchen Mongolischen verdorbenen Wörtern gemischt seyn soll, die meiste Analogie haben; so zwar, daß die
Tartaren, zur Noth manches bey den Jakuten verstehen können. – 3tens führt
man an, daß die Jakuten sich selbst *Soch* [Sach] oder *Sochi* [Sachi] nennen,
und sich unter diesem Namen noch ein Tartarengeschlecht unter denjenigen

---

74	[„a small town on the banks of the Indigirka." *Foreign quarterly review.* April and
	July 1839, 573–574.]
75	[Vermutlich Schreibfehler für: Gižiginsk, das seit 1775 zur Jakutskaja oblast' ge-
	hörte.]
76	[Sibirskij prikaz, das Sibirische Zentralamt, wurde 1637 geschaffen.]
77	Ich sage die eigentlichen Tartaren, denn man dehnt diese Benennung gewöhnlich zu
	weit aus, und begreift darunter oft auch Geschlechter des Mongolischen Volks, von
	welchem Irrthum man durchaus in den Ansichten der asiatischen Geographen zurück-
	kommen muß. D. H. [d.i. Joseph Rehmann]

befinden soll, welche die Gegend des Krasnojarskischen Kreises im Tonizkischen[78] Gouvernement bewohnen. – 4tens soll unter den Jakutzkischen Götzen einer mit der Benennung Tatar verehrt werden. 5tens behaupten selbst einige Jakuten nach Traditionskenntnissen, daß sie von den Tartaren abstammen, so wie auch, daß sie früher in der Nachbarschaft der Buraeten gewohnt haben und von diesen aus ihrem ehemaligen Aufenthaltsort vertrieben wurden.

Über dieses Ereigniß haben sie folgende Nachrichten und darüber stimmen auch die Aussagen von Tungusen und Buraeten überein, welche letztere hierüber sogar einige schriftliche Legenden aufbewahren sollen. Noch vor dem Vordringen der Russen fiengen die Buraten oder jene Mongolen, von denen die Buraeten einen Stamm bilden, an, sich in den Baikal Gegenden immer mehr auszudehnen, wobey es Gelegenheit zu öftern Scharmützeln mit den Jakuten gab. Zuletzt wurden endlich diese von den Buraeten verjagt an die Ufer des Lenaflußes gepreßt; und zwar in jener Gegend, wo nachher der Wercholenskische Ostrog[79] erbaut wurde. Hier schlossen sie dieselben ein und hofften, daß ihnen nun die Jakuten nicht mehr entrinnen könnten, sondern sie sich ihnen vollkommen unterwerfen und ihre Oberherrschaft anerkennen würden. Zu dieser Erwartung berechtigten sie, das äußerst steile und hohe Ufer des Flusses, an welches sich die Jakuten hingedrängt befanden und den Mangel an Fahrzeugen zum Übersetzen. – Mehrere Jakuten wagten es jedoch, an einer abschüssigen Seite des bergichten Ufers sich an den Fluß herabzulassen, über denselben zu schwimmen und in der Eile an dem andren Ufer Flöße zu zimmern, auf welchen sie in einer Nacht die Zurückgebliebenen mit Weibern, Kindern und Vieh abholten, und sich bey dieser Unternehmung so geschickt benahmen, daß die Buraten davon Nicht eher etwas bemerkten, als nachdem sie schon das rechte Ufer des Flusses gewonnen hatten. So entrannen sie glücklich der Sklaverey der Mongolen, vermißten aber als Hirtenvolk ungern die schönen Viehweiden und die reichen Steppen-Thäler in den Gegenden der Angara und des Baikals. – Sie zogen abwärts dem Flusse, begegneten aber hier bald ebenfalls einem neuen Feinde. Die dort befindlichen Tungusen wollten sie nämlich in einer Gegend, welche von ihnen die Bergichte genannt wird, nicht durchlassen. Sie erkämpften sich aber mit den Waffen die

---

78   [wohl Tomskischen.]

79   A. d. H. Ostrog nennt man in Sibirien irgend eine kleine hölzerne Festung, ein hölzernes Kastell, daran im Anfange Viele von den Russen erbaut wurden, um sich darin gegen Überfälle zu schützen. Gewöhnlich findet man jetzt nur Ruinen davon. Man giebt diese Benennung in ganz Rußland jetzt gewöhnlich jedem großen, von einer Mauer umgebenen Stadtgefängniß. [Vercholensk, am Baikalsee.]

Durchfahrt, setzten ihre Volkswanderung fort und machten später in der Gegend eines Seees, den sie in ihrer Sprache Saisar nennen, Halt. Hier siedelten sich einige an, Andere dehnten sich weiter aus und verbreiteten sich in das umliegende Land, wo sie keine Tungusen fanden, so wie auch nach der Gegend, wo die jetzige Stadt Jakutzk später von den Russen erbaut wurde.

Diese Erzählung ist sehr wahrscheinlich denn eine dem Hirtenleben vollkommen ergebene Nation wie die Jakuten, konnte nur durch die Gewalt der Umstände gezwungen, eine Gegend verlassen, die ihr für ihr Vieh die reichsten Weiden darbot; und so weit nach Norden wandern, wo sich damals wenig Hoffnung zur Erhaltung ihrer zahlreichen Viehheerden darbot, und wo man in jener Epoche wenigstens weder Hornvieh noch Pferde kannte, sondern blos Rennthiere von den Tungusen als die Hausthiere gehalten wurden. Die Jakuten behaupten damals aus zwey Stämmen bestanden zu haben, nämlich 1tens dem Batulinskischen unter der Anführung eines gewissen Omogoiboja. 2. dem Eleiskoischen, dessen Ältester oder Anführer Einer Namens Elei gewesen seyn soll. Dieser Elei vermählte sich mit der Tochter des schon sehr alten Omogoi, mit welcher er 12 Söhne zeugte unter welchen der Älteste den Namen Kamalasa führte, dessen Geschlecht dann das vorzüglichste wurde, und das Kangalskische genannt wurde. Unter einem seiner Erben Namens Tigun wurden die Jakuten dem russischen Reiche unterworfen, wozu ein anderes abgetheiltes Geschlecht, das sich Mimmach nannte, und viel schwächer, als das Geschlecht Tigun war, am meisten beitrug. – Die erste Nachricht von der Existenz dieses Volkes in der Lenagegend erhielten die Mangaseiskischen Kosaken im Jahr 1620. Erst zehn Jahre später schickte man aus Mangasei unter der Anführung eines gewissen Martin Wasilieff 30 Mann Kosaken gegen sie aus. Diese giengen den niederen Tunguska Fluß hinauf; und dann auf dem Wiberifluß niederwärts bis in die Lena, und zogen von Einigen dort wohnenden Jakuten den ersten Tribut (Jassak) ein, den sie im Jahr 1632 nach Mangasey brachten. In eben dem Jahre 1632 zog der Kosaken Sotnik[80] Beketoff mit 20 Jeniseiskischen Kosaken im Frühjahr aus und nahm seinen Weg von den Ustjakutzkischen Ostrog abwärts dem Lenafluße; kam glücklich bei den Jakuten an, und baute dort ohne alle Hindernisse den Jakutzkischen Ostrog. Da aber von nun an sowohl diese Jenisseiskische Kosaken, als jene, die wieder aus Mangasei geschickt wurden, den Tribut bey den verschiedenen Geschlechtern der Jakuten einziehen sollten, und sich jede Parthie zu bereichern suchte, so fühlten sich diese Jakuten sehr bedrückt. Aufgebracht über diese Abhängigkeit nahmen sie sich vor den Jakutzkischen Ostrog zu zerstö-

---

80   So wurde ein Anführer von 100 Mann bey den Kosaken genannt. –

ren. Zu diesem Vorhaben versammelten sie sich, ohngefähr 600 Mann stark, unter der Anführung eines ihrer kleinen Fürsten Mimmach genannt (wahrscheinlich derjenige, von welchem oben die Rede ist). Der Kosaken Ältermann Galkin[81] gieng ihnen aber mit seinen Kosaken entgegen, und lieferte ihnen ein Gefecht, in welchem 40 Jakuten getödtet und die übrigen größtentheils verwundet wurden. Das Gefecht war äußerst hartnäckig.

Die Kosaken verloren zwar nur zwei Mann, allein die Meisten wurden verwundet und fast alle verloren ihre Pferde, sie wurden daher gezwungen der Übermacht zu weichen und sich zu Fuße nach ihrer kleinen Festung Jakutzk in beständigem Gefechte zu retten. So konnten sie nur mit genauer Noth entrinnen, da sie von dem Feinde 10 Werste weit verfolgt wurden. – Nach diesem Kriegsvorfalle blockirten die Jakuten den Ostrog, umlegten denselben rings herum mit Heu und Birkenrinden, und wollten ihn in Brand stecken, doch die Kosaken vertheidigten sich so gut, daß ihnen dies nicht gelang. – Die Blockade der Festung dauerte vom 9ten Januar bis Ende Februar. Die Kosaken fiengen schon an großen Mangel an den nothwendigsten Lebensbedürfnissen zu leiden. – Die Jakuten zogen jedoch ab, da sie in ihrer weiteren Unternehmmung keinen Erfolg sahen. Galkin schickte eine Parthie Kosaken zu ihrer Verfolgung nach und es gelang diesen Einige derselben zur Unterwürfigkeit und zum Gehorsam zu bewegen. – Die übrigen aber, worunter sich vorzüglich das Kangalskische Geschlecht auszeichnet, beharrten hartnäckig in ihrer Unabhängigkeit, und blockirten nach Verlauf von zwey Jahren abermals [90]den Ostrog. Obschon es ihnen auch diesmal nicht gelang, denselben einzunehmen, so fügten sie den russischen Eroberern doch vorzüglich dadurch vielen Schaden zu, daß sie jene Jakuten, welche sich unterworfen hatten, beraubten und sie gänzlich ruinirten. Nachdem dieser Haufen abermals durch die Tapferkeit des kleinen Kosakenhäufchens von dem Ostrog weggejagt wurde, so zogen sie nach entfernteren Gegenden, um dort unabhängig zu nomadisiren und setzten sich wahrscheinlich in der Gegend des Eismeeres und an dem Fluße Willui fest. Wenigstens wurden früher von den mangaseiskischen Kosaken bey ihren Zügen am Wilui keine Jakuten angetroffen; und auch der Sotnik Peter Beketoff[82], der im Jahre 1635 den Olekminskischen Ostrog erbaute, erwähnt in seinem weitläuftigen Berichte über diesen Bau

---

81   [Иван Алексеевич Галкин, †1656/57, Ataman; vgl. die Biographie von Vladimir Boguslavskij unter http://www.hrono.ru/biograf/bio_g/galkin_ia.html]

82   [Петр Иванович Бекетов, 1610–1656, vgl. die Biographie von Vladimir Boguslavskij unter http://www.hrono.info/biograf/bio_b/beketov_petr.php]

keine Jakuten in jener Gegend. – Im Jahr 1638 wurden die Jakuten am Lenafluß von dem Desiatnik Buhoju zur Unterwürfigkeit gezwungen. –

Allmählich ergaben sich aber Alle gutmüthig und verstanden sich gern zu dem ihnen auferlegten Tribut. Die Abkömmlinge des Omogoischen Stammes findet man noch jetzt in Jakutzk theils um Weltchowilinska[83] und Ustjanska[84] und anderen Orten. – Die Abkömmlinge des Teleischen Stammes hingegen trifft man in weit geringerer Anzahl. Beide Stämme sind aber jetzt in verschiedenen Geschlechtern von vielfacher Benennung aufgelößt und abgetheilt. – Die erste kleine Jakutische Festung war zuerst am rechten Ufer des Lena Flußes erbaut, und die beste Stelle hierzu wurde von dem obbemeldeten Mimmach angezeigt, der später auch zur Bezwingung des Tiguns 40 bewaffnete Mann den Russen als Hilfstruppen gab. Das von diesem Mimmach abstammende Geschlecht bewohnt jetzt den Mamskouschen Uluschen[85] von 30 bis 300 Werst abwärts von Jakutzk.

Körperliche und geistige Eigenschaften der Jakuten

Man sieht unter ihnen Menschen von verschiedenem Wuchse, die meisten sind ja doch von mittlerer Größe. Bey der Geburt ist die Farbe ihrer Haut weiß, wie jene der Meisten nördlichen Nationen. In der Folge wird sie aber, wie bey den Mongolen, durch Unreinlichkeit und den darauf haftenden Schmutz dunkel gefärbt, und manchmal beinahe schwarzbraun. Ihr Kolorit ist daher nicht natürlich, sondern ein durch unsaubere Gewohnheit erzeugtes Kunstproduct. – Die Haare sind bey allen schwarz. Gewöhnlich ist das Gesicht glatt und breit gedrückt, und einigermaßen der Mongolischen Race ähnlich, jedoch findet man auch europäische Gesichter unter ihnen. – Im allgemeinen ist ihre Physiognomie ein Mittelding zwischen der Mongolischen Race und der tartarischen Gesichtsform, die schon mehr der Kaukasischen Race sich zu nähern scheint. – Obschon wir sie nicht für ächt Mongolischer Abkunft halten, so wäre es doch möglich, daß sie sich in älteren Zeiten mehr mit denselben vermischt hätten. – Oder es ist vielleicht ein von Alters her abtrünniger mongolischer Stamm, der durch die Verbindung mit den Tartaren seine Sprache verlernte und die seiner verbündeten Freunde annahm. –

Sobald der Bart zu keimen anfängt, wird derselbe ausgezupft, und es bleiben davon nur einzelne Keime stehen. – Sie haben sich daran gewöhnt, die ärgsten Einflüsse des Klimas zu ertragen, und jeder Widerwärtigkeit des

---

83   [Wohl Verchneviljuisk, heute Viljuisk, Ulus in Jakutien.]
84   [Усть-Янск, Ust'-Jansk, heute Ulus in Jakutien.]
85   [Ulus.]

Wetters zu trotzen. – Wenn sie zur strengen Winterszeit auf weiten Wegen
ausziehen oder nach Wild und Nahrung ausgehen nehmen sie nie irgend eine
Art von Bett oder auch nur Dekken mit sich. – Kommen sie an dem Orte an,
wo sie die Nacht verbringen wollen, so graben sie eine tiefe Grube in den
Schnee, in welcher sie den Boden mit jungen Baumzweigen von Birken oder
Fichten belegen. Diese Unterlage bedekken sie etwa mit der Decke des Pfer-
des, die sie unter dem Sattel führen und der Sattel selbst dient ihnen als Kopfkissen; bedecken sich mit ihrem Pelze und drehen oft den bloßen Rükken an
ein angemachtes Feuer, und schlafen in diesem Schneebette so fest ein, daß
zuweilen, wenn während dem Schlafe, was oft geschieht, das Feuer ausge-
gangen ist, der ganze Rükken mit Schnee bedekkt ist, und sie dabei doch nicht
erwachen. – Am Morgen, nach diesem erquikenden Schlummer, steht er auf,
bereitet sich am Feuer irgend eine Nahrung, ißt sich satt, erhebt sich aus seiner
Grube, fängt sein Pferd, das einstweilen unter dem Schnee etwas Gras oder
Moos zur Nahrung sucht, sattelt dasselbe und setzt seinen Weg oft ohne aus-
zuruhen oder Etwas zu sich zu nehmen bis zum Abend fort. – So wie sie die
Kälte mit der größten Geduld ertragen, so sind sie auch in Krankheiten und
besonders bey äußeren Verletzungen, wenn sie sich gestoßen, gehauen oder
gestochen haben, äußerst standhaft. – Sie sind von einer groben und rauhen
Gemüthsart, äußerst leicht zu erzürnen, hartherzig und rachgierig, verstokt,
lügenhaft, falsch, sehr listig und ausforschend. Sie geben sich viele Mühe und
sind darin vorzüglich geschickt die Eigenschaften und die Denkweise desjenigen auszuspüren, mit dem sie Bekanntschaft machen, vorzüglich wenn von
der Kenntniß desselben irgend ein eigener Vortheil abhängt. – Sie suchen
daher mit vieler Schlauigkeit unbemerkt fremdes Gut zu erschleichen. – Neugierde ist eine ihrer Haupteigenschaften. Wohlhabenden und Reichen erweisen sie eine besondere Ehrerbietung, arme aber behandeln sie mit Verachtung
als solche, die von Gott verlassen sind. Sie fürchten die Todten und sprechen
von denselben nie anders als in räthselhaften Ausdrücken. Dies haben sie allerdings mit einigen ausgezeichneten Individuen unter den Europäern gemein.
– Ihre Haupttugend ist die Gastfreundschaft, vorzüglich zuvorkommend und
gefällig sind sie gegen russische Beamte, die in Diensten der Krone reisen,
aber auch unter sich üben sie diese Tugend, die in den Wildnissen, welche sie
bewohnen, noch mehr an Werth gewinnt. – Wenn einer zu dem Andern auf
eine Einladung zu Gaste fährt, so schlachtet der Wirth, um ihn zu bewirthen,
einiges Vieh, und zwar soviel um dem Gaste dasjenige, was von dem Mahle
übrig bleibt, mitzugeben, um es nach Hause oder auf seine weitere Reise mitzunehmen. Auch finden zuweilen Geschenke an Vieh, Pelzwerk und Gelde
statt. –

Dagegen muß aber der Bewirthete, wenn ihn der Freund besucht, auf eben diese Weise die empfangene Bewirthung erwiedern. Thut er dieses nicht, oder unterläßt er etwas auf das der Gast Anspruch machen zu können glaubt, so entsteht gar leicht ein Hader oder wohl gar ein Proceß, manchmal blos in der Absicht, um dem Gegner Schikane zu verursachen, ihn zu beunruhigen und ihn durch Hin und Herfahren durch Gerichtskosten und Zeitverlust auf eine schadenfrohe Weise Nachtheil zuzufügen. Sie besitzen ein äußerst gutes Gedächtniß. Sie erzählen sich die geringsten Ereignisse ihrer Kindheit, mögen sie auch noch so unwichtig seyn, mit einer Genauigkeit, als wenn es erst gestern geschehen wäre. Sie legen vielen Werth auf gemachte Bekanntschaften auf ehemals gehabte freundschaftliche oder feindseelige Überredungen und theilen dieselbe mit aller Umständlichkeit ihren Familien mit. Wenn sie sich dem Tode nahe fühlen unterrichten sie ihre Kinder oder Erben genau über die Anzahl und die Denkart ihrer Freunde und Feinde, und ermahnen dieselben mit ersteren in gutem Vernehmen zu leben, von den letzteren aber nicht nur sich zu hüten, sondern auch alles alles anzuwenden und keine günstige Gelegenheit vorbeigehn zu lassen, um sich an ihnen zu rächen. – Dieser Rath der Sterbenden wird gewöhnlich auch gewissenhaft befolgt, und oft dauert eine Feindschaft zwischen zwei Familien bis in die entferntesten Glieder derselben fort, bis sie endlich etwa durch eine zufällige Heirath zwischen denselben oder ein anderes günstiges Ereigniß ihr Ende erreicht.

Die Untersuchung ihrer Streitsachen dauert oft sehr lange, mehrere Jahre hindurch und ist äußerst schwierig, denn die Zeugen beyder Partheyen beweisen ihre Aussage mit soviel Umständlichkeit, daß es sehr schwierig ist, sie des Gegentheils zu überführen. – Diese Streitigkeiten finden besonders bey Ausgleichung von Rechnungen, von Tauschhandel, bey Gelegenheit des Zurückforderns der Ausgaben, welche eine Heirath veranlaßte, und des Kaufpreißes einer Frau, welche von ihrem Manne wegzugehen wünscht u. dgl., statt. In letzterem Fall ist manchmal die Ausgleichung der von beiden Seiten gehabten Auslagen verwickelt, denn es wird hiebei auf das Vieh, den Brautwein, den Preiß der Kleider u.s.w. umständlich Rücksicht genommen.

Dieberey ist unter ihnen nicht selten, aber schwer ist es einen Dieb des Diebstahls zu überführen, es mögen auch noch so viele Umstände für die Wahrscheinlichkeit des begangenen Verbrechens vorhanden seyn. In der neueren Zeit hat sich auch das Kartenspiel unter ihnen eingeschlichen und es ist Nichts seltenes, einige der reichern Jakuten spielen zu sehen; wodurch nicht selten Gelegenheit zu Händeleyen und Uneinigkeiten unter denselben gegeben wird. Gewöhnlich haben sie zwei und manchmal auch mehrere Namen wovon nur einer der eigentliche ist. Nach diesem unrichtigen ursprünglichen

Namen nennen sie sich nur bey öffentlichen Streitigkeiten oder sonst in der äußersten Nothwendigkeit. – Die andern angenommenen Namen brauchen sie, wenn es ihnen gutdünkt. Sie glauben durch diese Mehrzahl der Benennungen sich vor den bösen Geistern zu schützen, die auf diese Art sie nicht so leicht erkennen und ausfindig machen können. Den Namen ihrer Väter halten sie für so heilig, daß sie es für eine Schande halten, ihn ohne die höchste Noth auszusprechen. Die Benennung *Ogonnior*[86] ist bey ihnen eine Ehrerbietung, der so viel als Alter bedeutet. Diesen Titel geben sie gewöhnlich allen Oberen und Vorgesetzten, wenn dieselben auch jünger an Jahren seyn sollten. Der russischen Oberherrschaft sind sie herzlich und folgsam ergeben und unterwerfen sich den größten Lasten die ihnen auferlegt werden ohne Murren. Sie nehmen an den europäischen Kriegsereignissen lebhaften Antheil, und freuen sich auf die lebhafteste unverstellteste Weise, als wenn sie dabey einen eigenen unmittelbaren Vortheil erreicht hätten, wenn die Nachricht von einem Siege in diese Gegenden dringt, den die russischen Truppen erfochten haben. Dies hat man sowohl in den früheren Türkenkriegen als bey den letzten französischen zu beobachten Gelegenheit gehabt. Sie leben nun in verschiedenen Geschlechtern eingetheilt, welche wie bey den Tungusen von Ältesten oder Vorstehern beherrscht werden, denen sie den Titel Kniaesza[87], Fürstchen, gegeben haben. Im Falle, daß sich eine kleine Unzufriedenheit mit ihren Fürstchen ergiebt, welches nicht selten ist, so bringen sie ihre Klagen, bey der ihnen vorgesetzten Gerichtsbehörde in Jakutzk an. –

Unreinlichkeit

Sie sind in einem hohen Grade unreinlich, baden sich nie, waschen sich auch Gesicht und Hände nicht, um sie vom Schmutz zu reinigen, sondern blos dann wenn etwa durch den Schmutz ein fremder Körper an diesen Theilen anklebt. Eben sowenig reinigen sie ihre Geschirre. – Das Gefühl des Ekels kennen sie nicht. Gefangene Läuse verdrücken sie mit den Lippen und verschlucken sie. – Sie verzehren als eine Leckerbissen die Nachgeburt von Füllen und Kälbern, nachdem sie dieselben gekocht haben. Den eben gebohrenen Füllen und Kälbern schneiden sie die weiche hornartige Substanz aus den Hufen und verzehren dieselbe ohne Bereitung als etwas Köstliches. – Wenn eine Kuh keine oder wenig Milch giebt, so blasen sie mit ihrem Munde in die Geburthstheile derselben, und behaupten, daß diese Operation die Milch vermehre. – Bey der Wahl ihres Wohnortes berathen sie nicht die gesunde oder ungesunde Lage

---

86 [Auch heute noch bedeutet *ohonior* „Alter"]
87 [княжа.]

desselben. Sie stelen ihre Sommerzelten beinahe immer an stehende Seeen oder an Mündungen von Flüßen auf, ohne aber auf die Güte des Trinkwassers Rücksicht zu nehmen. Sie trinken oft aus Pfützen gelbes und nicht selten mit Insecten, Würmern angefülltes Wasser. Sollten diese sehr groß sein, so filtriren sie dann das Wasser durch einen Pferdeschwanz: Nomadisiren bey solchen stehenden und seichten Morästen, an deren Ufer sie das Vieh weiden lassen; so tränken sie auch dieses aus denselben, wenn auch in einer geringen Entfernung ein frisches und gesundes Wasser zu haben wäre. Diese geringe Sorge für das Vieh ist wahrscheinlich eine der Hauptursachen der vielen Epizootien[88], die so oft unter ihren Heerden Verwüstungen anrichten. Sie selbst scheinen aber von ihrer unreinlichen Lebensweise und dem Genuße eines oft ungesunden und verdorbenen Wassers keinen nachtheiligen Einfluß auf ihre Gesundheit zu bemerken. – Ohne Scham gehen die Männer in ihren Wohnungen beinahe nackend blos mit kurzen Unterhosen bekleidet herum. Männer sowohl als Weiber schlafen ohne Ausnahme nackend blos mit ihrem Pelze bedeckt. –

Es grüßen sich die Jakuten untereinander niemals. Selbst wenn einer sich auf eine weite Reise begiebt, so nimmt er weder von seinen Eltern, noch von seinen Weibern und Kindern Abschied, so wie er auch bey seiner Zurückkunft Niemanden begrüßt. Kömmt einer zu dem andern zu Gast, so besteht sein erstes Geschäft darin, sich einen Platz zum Sitzen auszusuchen, ohne darauf Rücksicht zu nehmen, ob die übrigen Gäste stehen oder sitzen. Ihre Mützen ziehen sie weder im Sommer noch im Winter, noch in den Wohnungen vor Fremden ab. –

Ihre Wohnungen und Geschirre
Von der Hälfte des September Monats bis zum 10ten May wohnen sie in ihren Winterjurten, die sie auf folgende Weise erbauen. – Auf eingerammelte Pfähle legen sie Quärbalken übereinander, die sie wieder mit flachbehauenen Balken rundherum legen. Die auswendige Wand beschmieren sie mit frischem Kuhmist von der Dicke und von einer ohngefähr einem halben Schuh. [! wohl: anderthalb Schuh] Diesen lassen sie gefrieren, indem sie nur die Thüre unbeschmiert lassen. Durch zwey Fensterchen, in welche sie statt der Glasscheiben Stücke Eis hineinsetzen, fällt das Licht. Sie haben keine hölzernen Fußböden; die Oberdecke machen sie aus runden Balken, auf welche sie eine Elle hoch Heu ausbreiten. Auf dieses Heu schütten sie Erde, welche zugleich die Decke des ganzen Gebäudes oder das Dach bildet, welches zu-

---

88   [Tierseuchen.]

gleich nach Osten und Westen etwas abhängig gemacht wird, damit beym Regenwetter oder beym Aufthauen des Schnees kein Loch im Dach entstehe. In der Mitte dieser Hütte wird der Heerd, der einem großen Kamin gleicht, aufgesetzt. Auch den Gebrauch dieser Kamine scheinen sie von den Tartaren erhalten zu haben. – Beym Heitzen desselben legen sie das Holz nicht liegend auf die Erde, sondern stehend mit den spitzen Enden nach oben gekehrt. –

Längst den Wänden der Hütte sind die Betten angebracht, welche blos hölzerne Gerüste sind, die bey Vornehmen einigermaßen verziert werden. Das Bett des Wirthes wird an der Westseite angebracht. Obschon diese Betten beinahe längst der ganzen Wand herumlaufen, so wird das ganze Gerüste doch gewöhnlich durch Verschläge auf der einen Seite in drey Abtheilungen abgetheilt. In der einen schlafen die erwachsenen Kinder, in der anderen der Herr der Hütte, in der dritten ein verheiratheter Sohn oder ein anderer naher Verwandter, wenn ein solcher da ist. In der Mitte dieser drey Bettverschläge ist jedes mal eine Thür angebracht, die inwendig mit einem Schieber zugeriegelt werden kann, oder die zuweilen auch mit Vorhängen behängt wird. Die Südseite hat ebenfalls gewöhnlich eine Bettstelle, ist durch eine Scheidewand in zwey Abtheilungen getheilt, und dient dem Gesinde männlichen und weiblichen Geschlechts, oder auch den Fremden. – Hinter dieser Wohnung ist noch ein größerer Verschlag, der auch unter Dach steht und durch eine Scheidewand von dem Innern der Hütte getrennt ist. Hierhin stellen sie im strengen Winter das Hornvieh in der Nacht.

Diese Jurten stehen bey ihnen nicht in größerer Anzahl oder in Nomadenlagern (Ulushen) beisammen, sondern einzeln. Man trifft selten 2 bis 3 auf einem Platze beieinander, denn jeder sucht bey den Heuschlägen zu wohnen, die er besucht. Die Sommerhälfte des Jahres d.h. vom 10. May bis zum halben September wohnen sie auf Feldern und Wiesen in Zelten aus Birkenrinde deren Bauart ganz den Tungusischen gleich kömmt. Man trifft Zelte dieser Art gewöhnlich 5 bis 10 an einer Stelle an.

Stirbt ein Mensch in einer ihrer Hütten, so verlassen sie alsbald dieselbe, indem sie glauben, daß dieselben nun von einem bösen Geiste beherrscht werde, welcher das Leben dieses Verstorbenen verschlungen habe.

Die Geschirre welche man in diesen Hütten findet, bestehen aus eisernen Kesseln, Töpfen aus einer Art gutem weißen Thon, hölzernen Schüsseln und Schaalen von verschiedener Größe, kleinere aus Birkenrinde verfertigt, und mit gedrehten Pferdehaaren zusammen gemachten kleinen Fäßchen (denjenigen gleichend in welchen man in Rußland den Caviar zu verkaufen pflegt.) und ledernen nach oben zu engen, unten aber weiteren Gefäßen, in welchen sie ihre Stutenmilch aufzubewahren pflegen.

Speisen und Getränke

Alle Arten von Thieren, vierfüßige, Vögel oder Fische, ohne Unterschied, ob sie lebendig gefangen oder todt gefunden wurden, dienen ihnen zur Speiße. –

Die beste Speise aber, die sie am meisten achten, ist fettes Fleisch von Pferden oder Rindvieh. Sie schätzen diese Nahrung so sehr, daß sie dasselbe öfters in ihren Erzählungen und [1 Wort fehlt im Text] als eines hohen Glücksgenusses erwähnen. Läge auch ein Jakute auf dem Todtenbette so würde er doch bey dem Anblicke eines schönen fetten Stücks Fleisch noch lächeln, und sich nicht weigern, davon zu essen. – Speiße und Trank haben sie für das höchste irdische Gut. Wer viel ißt und trinkt, wird von jedermann in Ehren gehalten. Gegen wohlbeleibte fette Personen sind sie neidisch und fragen oft mit einer Art von Mißgunst wovon man denn so fett werden könne? wenn sich ein Arbeiter zum Tagelohn vermiethet, so besteht seine erste Frage darin, was man ihm für eine Speise geben werde? Nichtsdestoweniger essen selbst die Reichsten in der Regel nur zweimal im Monate Fleisch, und auch dann meistens von krankem oder schon untüchtig gewordenen Vieh. Selbst jene, welche 200 bis 300 Stück Vieh haben, meinen es wäre Schade, ein gesundes Schaf zur Speiße zu schlachten. Sowohl Pferde als Hornvieh schlachten sie, indem sie denselben die Füße an Pflöcken auseinander binden, dann machen sie einen tiefen Einschnitt in die Brust und stecken die Hand hinein, womit sie die Kehle suchen, und dieselbe abschneiden, worauf der Tod des Thieres schnell erfolgt. Sie sind sowohl in Speise und Trank, wenn sie dieselben hinlänglich besitzen, äusserst unmäßig. Ereignet sich, daß einer ein Wild gefangen oder erlegt, oder ein todtes Stück Wild oder Vieh gefunden hat, so ißt er davon, ohne zu ermüden, Tag und Nacht, bis dasselbe aufgezehrt ist, dann sammelt er noch die Knochen, zerschlägt und kocht sie mürb und verzehrt dann noch diese ohne von unsern Küchensuppen etwas zu wissen. – Nach einem solchen Sättigungsmahl kann er dann 3 bis 5 Tage ohne Nahrung bleiben, ohne davon Beschwerde zu fühlen, und sich auf längere Zeit blos mit flüssigen oder dünnen wenig nahrhaften Substanzen behelfen. Im Sommer leiden sie keinen Mangel an Nahrungsmitteln, weil sie zu dieser Jahreszeit einen solchen Überfluß an Kuh- und Stutenmilch haben, daß sie einem jeden, der ihnen bezahlt, damit bewirthen; da sie sich hingegen im Winter selbst für sehr arm halten. Die vom Sommer übrig gebliebene Kuhmilch gießen sie in Geschirre von Birkenrinde, stellen dieselben in Gruben und säuern die Milch. – Im Winter mischen sie zu dieser gesäuerten Milch getrocknete, gestoßene Tannenrinde. Um diese zu stoßen bedienen sie sich einer Art Mörser von eigener Erfindung, welche ebenfalls wieder bereits [zeigt], wie unbekannt ihnen das Gefühl des Ekels ist. –

Sie nehmen nämlich dünngespaltenes Holz, stellen solches in eine runde
Form, auf die Erde, beschmieren dasselbe in und auswendig aus frischem
Kuhmist und bilden so die Wand des Mörsers, die dadurch fest wird, daß man
den Kuhmist gefrieren läßt. In diesem gefrorenen Mörser stoßen sie die Rinde,
während des Winters, so lange diese Mörser in diesem geformten Zustande
verbleiben; sobald aber beym Eintritte des Frühjahres das Thauwetter sie zerstört, so benutzen sie die Rinde nicht mehr auf diese Art. Dann fällen sie junge
Tannenbäume, schaben die äußere Rinde mit einem Messer ab, schälen aber
die innere saftige Rinde ab, schneiden sie mit einem Messer in kleine Stücke
und mischen sie so mit der gesäuerten Milch. In Gegenden, wo es keine Tannen giebt, bedienen sie sich hiezu auch der Rinde des Lerchenbaums. Arme,
die kein Vieh haben, versorgen sich zum Winter mit kleinen Fischen aller Art,
die sie nur habhaft werden können, legen sie in Gefäße von Birkenrinde, und
stellen dieselben in das Wasser stehender Teiche oder in Pfützen. Sobald sie
eine Säure erhalten, die die [!] Zeichen von anfangender Fäulniß ist, nehmen
sie diese Gefäße aus dem stehenden Sumpf heraus, lassen sie beym Frost gefrieren, mischen davon jedes mal so viel sie essen wollen mit Wasser und
kochen sie zu einer Art von Grütze, die sie gierig verzehren. – Bey äußerster
Hungersnoth, in welche sie nicht selten gerathen, essen sie alles was sie nur
auftreiben können. –

Im Jahr 1786 kam in der Jakutzkischen Kanzley eine Criminal Untersuchung über einen zum Schiganskischen Distrikt gehörigen Jakuten, welcher
angeklagt war, seine Frau, seine Kinder, in allem 12 Personen verzehrt zu
haben, welches factum er auch selbst eingestand, wobey er behauptete, daß
er blos durch den äußersten Hunger, dem er mit seiner gesamten Familie ausgesetzt war, hierzu verleitet wurde, daß er dieselben aber nicht erschlagen
habe, sondern nachdem sie am Hungertode gestorben seyen, ihre Leichname
verzehrt habe. Während meiner Anwesenheit in Jakutzk erzählte man sich die
Geschichte einiger Jakutischen Jäger, welche zur Winterszeit sich in der
Richtung des Weges, den sie sich vorgezeichnet hatten, betrogen in der Gegend des Eismeeres mehrere Tage herumirrten, ohne irgend etwas zu finden,
das zur Nahrung dienen konnte. Vom Hunger gezwungen sahen sie sich endlich genöthigt, sich selbst aufzuzehren. Sie kamen überein, den jüngsten zuerst zu opfern, und so immer nach dem Alter den jüngeren; es waren 7 an der
Zahl; ein einziger blieb übrig, kam endlich bey den Wohnungen an und mel-
dete den schriftlichen Vorfall selbst den Vorgesetzten.

Begräbniß der Jakuten

Indem jemand stirbt, so schlachten sie das fetteste Pferd und versammeln die nächsten Anverwandten zum Leichengastmahl, und schmausen mit denselben bis alles fette Fleisch verzehrt ist. Hierauf wird der Verstorbene in seine beste Kleidung gekleidet und in eine große ausgegrabene Gruft gelegt. Das Lieblingspferd des Verstorbenen wird gesattelt, mit einem Knüppel todt geschlagen und neben seinem Herrn in die nämliche Grube begraben. So erheischt es wenigstens die alte strenge Sitte. Manchmal aber betrügen sie den Todten, sie schlagen das Pferd zwar todt, ziehen ihm aber die Haut ab, satteln diese und hängen sie über dem Grab an einen Baum auf, das Fleisch aber verzehren sie selbst. Zugleich legt man dem Todten ein Stück fettes Fleisch, einen Kessel, eine Tasse, einen Löffel, ein Beil, Bogen und Pfeile mit in das Grab. Arme aber werden ohne alle Bekleidung in die Erde verscharrt. Sie sind wahrscheinlich so wie viele wilde Nationen der Meinung, daß der Verstorbene jenseits des Grabes ebenfalls reite und die nämliche Beschäftigung unternehme, mit welcher er sich in seinem Leben beschäftigt habe. Bis zum Jahre 1760 sah man sie ihre Schamanen und die Vornehmen unter ihnen nach dem Tode auf erhöhte auf Balken ruhende Gerüste in die freye Luft legen. In jenem Jahr wurde ihnen aber dieser Gebrauch von der russischen Regierung untersagt, und man sieht nun diese Art die Todten in der Luft zu begraben nicht mehr. Statt dessen findet man jetzt auf den Gräbern Ausgezeichneter Personen Gerüste mit Dächern rund herum von Säulen getragen.

Von ihrer Kleidung

Die Manns Kleidung der besten Art besteht in Pelzen aus Eichhörnchen, mit einem dichten Stoffe, unserem Seegeltuche sehr ähnlich, überzogen, den sie Rawdugi[89] nennen. – Diese werden rings herum mit Streifen von schwarzen Stuttenfellen verbrämt. Hierüber ziehen sie, wenn sie bey kalter Witterung ausgehen, andere Pelze, deren rauhe Seite nach Außen gekehrt ist, und welche entweder aus Elends oder Rennthierfellen, oder aus Fuchs und Wolfsfellen bestehen. – Ärmere tragen solche Pelze aus Pferde oder Kuhfellen. – Die Mützen bestehen bey Wohlgekleideten von Fellen von den Füßen des Luchses oder Fuchses, rund herum mit Iltisfellen bebrämt. Der hintere Theil der Mütze ist meistens von Biberfell. Aus der Haut eben jener Füße sind ihre Fausthandschuhe gemacht. Um den Hals tragen sie gleichsam als ein

---

89   [Pavlovskij: *Russisch-deutsches Wörterbuch*, erklärt es als „Sämischleder". Hier scheint es indes eher von *ravenduk* „Rabentuch, dünnes Segeltuch" abgeleitet zu sein.]

Halstuch die Schwänze von Eichhörnchen. – Sie tragen einen Gurt von Leder mit Schnallen versehen; dieselbe mit messingenen Flittern oder auch mit Eisen auf welchem silberne Figuren eingearbeitet sind, verziert. Sie haben ganz kurze Beinkleider von *Rawdugi*, die nur bis über die Lenden reichen; diese heißen *Saturi*[90], von unten aber ziehen sie noch eine andere Art von Hosen an, die aus Fellen von Wolfsfüßen verfertigt sind und bis an die kurzen Beinkleider reichen. Die Füße werden mit Stiefeln von bearbeiteten Pferdefellen gegen die Kälte geschützt.

Man sieht, daß das Pferd bey diesem Volke den höchsten Grad der Nützlichkeit erreicht, da es nicht nur zum Reiten und zur Nahrung, sondern auch zur Kleidung dient. – Ihre Kleidung reicht wegen der nöthigen Bequemlichkeit zum Reiten nicht weiter als bis in das Knie. – Ehemals hatten sie keine Hemden, aber jetzt fangen einige an, solche zu tragen, indem sie die den Russen nachahmen und auch ihre Pelze auf vielfältigere Art überziehen, als mit chinesischem Zeuge, oder mit Tuch. Die Weiber tragen eine längere bis auf die Fersen reichende Kleidung ebenfalls aus Pelzwerk mit Rawdugi überzogen. Am vorderen Ende der Ärmels und rundum den Unterrock ist dieselbe mit schwarzen Stuttenfellen bebrämt. Längst den Schenkeln wird dieser Rock von beiden Seiten mit Flitterwerk und messingenen Ringen benäht. Über dieses Überkleid ziehen sie einen anderen Pelz ohne Ärmel. Dieser ist von oben nach unten und um den Gürtel und die Lenden mit schwarzen Pferdefellen verbrämt. Die ganz Reichen besetzen ihn mit Otter oder Biberfellen. Von der Schulter aber bis zum Rücken und an den Seiten bis zum Unterrock wird derselbe mit verschiedenen Zierathen, Flittern und messingenen Figuren besetzt. Halsschmuck und Mütze sind wie bey dem männlichen Geschlechte, außer daß sie noch die Mitte des Hintertheils der Mütze mit Federn von Kranichschwingen verzieren. In jedem Ohr tragen sie 2 bis 3 Ohrgehänge von Korallen, wovon sie eben so große Liebhaberinnen zu seyn scheinen als wie die Weiber der Mongolen.

Die Beinkleider sind jenen der Männer ganz gleich, nur benähen sie diese noch bis an das Bein, mit verschiedenen Zierathen auf die oben angezeigte Weise. – Um die Lenden tragen sie eben jene kurze Art von Beinkleidern welche die eigentliche Hosen durch angenähte Ringe befestiget werden. – Die Füße bekleiden sie mit einer Art Stiefeln die sie *Tarbasi*[91] nennen; sie sind kurz und bestehen aus Fuchsfellen oder aus schwarzen gegerbenen Stuttenfellen. – Die Männer scheeren ihren Kopf ganz kahl, die Weiber aber flechten

---

90   [vgl. unten *sutury*.]
91   [russ. *torbasy*.]

ihre Haare in verschiedene Zöpfe und binden sie am Hinterntheile des Kopfes zusammen. – Ihre Betten und Bettdecken bestehen aus Pferdefellen, doch haben sie keine Kopfkissen.

Sie besitzen keine besondere Sommerkleidung, sondern gehen auch zu dieser Jahreszeit in Pelzen und Mützen. Sie sind daher so abgehärtet, daß sie Hitze und Kälte gleich gut ertragen. Wenn es sich ereignet, daß auf weiten Wegen ein Jakute einen zerrissenen Rock anhat und doch bey der strengsten Kälte seines Unterhaltes wegen zu Pferde fortreisen muß, so erwärmt er sich dadurch, daß er Hände und Füße unaufhörlich in Bewegung erhält, dieselbe zusammenschlägt und dadurch nicht nur sein Blut in Bewegung und Wärme erhält, sondern oft noch zu schwitzen anfängt. – Wie sie die Nacht über auf Reisen im Schnee schlafen können, ist schon früher angezeigt worden.

Geburt und Erziehung

Wenn die Frau eines Jakuten zu kreisen anfängt, so versammelt der Mann alle seine Nachbarn in dem Zelte, wo sich die Kreisende befindet, die hier so lange sitzen müssen bis die Niederkunft erfolgt ist; dann wird ein Stück Vieh geschlachtet und Mahlzeit gehalten. Nach dem Schmause geht jeder nach Hause. Dem Neugebohrenen wird der Name von irgend einem zuerst in die Augen fallenden oder gerade zufällig vorgefundenen Gegenstand gegeben, als von Menschen, Hunden, Pferden oder sonst einem Thiere. Sobald im Winter ein Kind gebohren wird, wälzt man dasselbe im Schnee, dann wird es mit irgend einigen Lumpen oder zerrissenem Pelzwerk [eingehüllt], legt es in ein aus Birkenrinde oder Holz verfertigtes Kästchen, in welchem am Boden eine rinnenförmige Öffnung zum Ablaufe des Unraths angebracht ist. In diesem Kästchen liegt es tagelang mit dünnen Riemen umwickelt, ohne es herauszunehmen. Zur ersten Nahrung giebt man ihm gewöhnlich ein Stückchen Fett zum Saugen und dies dauert solange bis das Kind schon selbst etwas essen kann. In der letzten Zeit fangen einige auch an ihre Kinder mit Kuhmilch zu nähren, und zwar nach Art der Russen mit einem Horn. Die Mutter selbst nährt aber das Kind nie mit der Brust. –

Die herangewachsenen Kinder erzeigen den Eltern nicht die geringste Ehrerbietung, ja es soll sich nicht selten ereignen, daß sie nach denselben schlagen. Einige Traditionen erzählen Sagen daß sie ehemals ehe sie noch unter dem russischen Scepter standen, und ganz ungestört ihren wilden Sitten folgten, oft ihre alt und schwach gewordenen Väter und Mütter noch lebendig in die Erde verscharrt hätten; eben so sollen die Mütter zuweilen ihre kleine Kinder in Körben von Birkenrinde an Bäume aufgehängt und selbe ihrem

Schicksal Preis gegeben haben. Beydes wollen wir jedoch zur Ehre der Menschheit blos für fabelhafte Sagen halten. –

Viehzucht, Jagd, Gewerbe

So wie beinahe bey allen Nomaden ist die Viehzucht ihre vorzüglichste Beschäftigung. Sie haben daher im Allgemeinen an Pferden und Hornvieh großen Überfluß. Es giebt Einige, welche bis 300 und 400 Stück Vieh besitzen. Es ist aber schon oben bemerkt worden, daß, obschon sie in dem Besitze eines zahlreichen Viehstandes ihren größten Reichthum setzen, sie dasselbe doch nicht mit aufmerksamer Pflege besorgen. – Aus Trägheit machen sie nur einen geringen Heuvorrath, welche gewöhnlich schon bis zum Februar Monat aufgezehrt ist. Dann sind sie gezwungen, auf den Inseln und an den gefrornen Ufern der Seeen und Flüße Schilfrohre abzuhauen, und damit ihr Vieh zu füttern. In Ermangelung desselben brauchen sie auch Birken-Rinde oder sie schaufeln den Schnee in großen Gegenden stellenweise über den Grasplätzen ab und lassen dort das Vieh Futter suchen. –

Vieles Hornvieh geht aber danach vor Hunger zu Grunde und Alles sieht gegen Ende des Winters sehr abgemagert aus. Außer der Viehzucht beschäftigen sie sich mit der Jagd und dem Wildfang, jedoch sind nicht alle Jäger und es beschäftigt sich damit vorzüglich die ärmere Klasse. – Sie fangen Füchse, Eichhörnchen, Hermeline, Elendthiere, Haasen und andere Thiere. Die Jakuten Fürsten schicken zuweilen einige Anverwandte und Untergebene auf den Zobelfang aus; sie geben hierzu jedem ein Pferd, und als Proviant drey Stutten, 2 Fässer mit Stutten Fleisch, und ohngefähr 3 Pfund Butter oder auch gesäuerte Milch. Gewöhnlich ziehen sie auf diese Jagd den 1ten September aus und kommen erst zu Ende Aprils des folgenden Jahres zurück. Jeder bringt dann 2 bis 10 Zobeln mit sich als Beute zurück, die man in den entferntesten waldichten Gegenden vorzüglich an Flüßen, die ihre Richtung nach dem Amurflusse nehmen, so wie auch in der Nachbarschaft von Saschiversk zu fangen pflegt. Sie erlegen sie theils mit stumpfen Pfeilen, theils durch Selbstgeschoße. Die Ausbeute an Zobeln wird immer geringer. – Auch beschäftigen sich diese Jägergesellschaften in den Gebirgsgegenden mit dem Rennthierfange, indem sie die Durchzüge desselben durch gewisse Theile und Schluchten erlauern, die engsten Durchgänge verhauen und selbstschießende Bogen mit Pfeilen ausstellen, die sobald das Thier an den an der Sperrung angebundenen Faden tritt, losgehen und dasselbe in der Seite verwunden. – Wenn diese Thiere Heerden weise über die Flüsse schwimmen, vorzüglich in der Gegend von Schigansk, so fahren diese Jäger in kleinen Boten denselben nach und kommen ihnen so nahe, daß sie eine Anzahl in dem Wasser erstechen. Nahe am Meere schleichen die Rennthiere gern um die ruhigen kleineren Buchten, welche Gegenden sie *Tundsi* nennen. Die Jäger verstecken sich auf ihren kleinen Böten, die etwa einen Mann fassen, während andere von ihrer Abtheilung die Heerde Rennthiere von der Landseite mit Hunden anfallen. So gehetzt stürzen sie sich in die See, die Wasserjäger kommen schnell mit ihren leichten Boten hervor, und erstechen bey dieser Gelegenheit gewöhnlich so viele, als sie bis zum Übergange nach dem jenseitigen Ufer der Bucht erlegen können, denn die Thiere können nicht schneller schwimmen als die Jäger auf den Kanots zu folgen vermögen.

Elendthiere werden im Herbste mit Hunden verfolgt, und wenn diese ermüden, jagen sie dem Wilde zu Pferde nach und erlegen sie von einem günstigen Standpuncte mit Pfeilen. Im Frühjahr suchen sie dieselben auf dünnem Eise zu jagen, wo sie etwa leicht einbrechen, zuerst mit Hunden, dann aber selbst auf Schlittschuhen. Die Spuren der Füße werden im Spätherbste oder vielmehr Anfangs des Winters von den Hunden auf dem Schnee aufgesucht, die aufgefundenen zu Pferde verfolgt und erschossen. Nicht selten werden aber auch diese Thiere auf engen Durchgängen, wenn man ihre Schliche erlauern oder vermuthen kann, Selbstgeschossen ausgesetzt.

Eine Art Haasen, die sie Potzi[92] nennen, fangen sie durch ausgestellte Fallen und Schlingen. An den Seeküsten, besonders da wo waldlose Gegenden sind, suchen sie im Sommer das vom Meere ausgeworfene Holz, das sie zu ihren Fallen und Schlingen benutzen. Sie machen sich auch zuweilen kleine Hütten, um sich auf ihren Zügen und beym Aufpassen des Wildes gegen Wind und Wetter zu schützen; diese Hütten, die sie Scholaschen[93] nennen, sind gewöhnlich so enge, daß nur mit genauer Noth 2–3 Menschen in denselben Platz finden. Im Winter fahren sie auf Schlitten (Norten[94]) oft mit Hunden bespannt alle Monate einmal aus, um die ausgestellten Fallen und Schlingen zu besichtigen. –

Auf ihren Winterzügen werden die Jäger zuweilen von heftigen Sturmwinden mit Schneegestöber überrascht, welche oft ein, zwey nicht selten aber auch vier bis fünf Tage lang anhalten. Begegnet ihnen ein solches Ungewitter, so lassen sie ihren Hunden freyen Wille, dahin zu laufen, wohin sie wollen. Gewöhnlich richten sie sich nach einer Gegend, wo etwa ein Stübchen oder Hütte steht, und sie finden diese auf, wenn sie von dem Schnee bedeckt wäre.

---

92   [Ingeborg Hauenschild: *Lexikon jakutischer Tierbezeichnungen.* Wiesbaden: Harrassowitz 2008, 28, verzeichnet boxoy, bojoyoon – Schneehase, *Lepus timidus.*]

93   [russ. *šalaš*, „Zelt, Obdach, Hütte".]

94   [russ. *narta.*]

Wo sie halten, da steigt der Jäger aus seinem Schlitten, stößt mit seinem Sto-cke in den Schnee und wo dieser einen hohlen Klang von sich giebt, ha[ck]t er mit einem Beil den Schnee auf. Gewöhnlich findet er die Hütte, er macht sich eine Öffnung und kriecht in dieselbe hinein, und bleibt dort liegen, bis das Wetter zu toben aufhört. Die Hunde bleiben auf dem Schnee liegen, er sieht nur darauf, daß sie nicht ganz unter demselben Schnee begraben werden; oder wenn sie auch das Gestöber bedeckt, daß er sie wieder finden kann.

Ereignet es sich unglücklicher Weise, daß die Hunde den Ort nicht treffen, wo die Jägerhütte (Schalasche) steht, dann bleibt wenn das Wetter anhält ih-rem Herrn kein Rettungsmittel übrig, dem Tode zu entrinnen. – Dieser Schlit-ten mit Hunden bespannt bedienen sich jedoch nur die nahe nördlich dem Eismeer näher wohnenden Jakuten.

Einige wenige von diesem Volke treiben auch den Fischfang; sie fangen die Fische mit Netzen aus gedrehtem Pferdehaaren und in geflochtenen Kör-ben. – Von Handwerkern giebt es unter ihnen blos Schmiede und Kupfer-schmiede und auch diese werden durch die Vermehrung russischer Arbeiten dieser Art in jenen Gegenden immer seltener. – Ihre Schmiede machen Pfeile, Sensen, Spiese, Messer, Feuerstahl und Scheeren, die Kupferschmiede gießen Messingerne Verzierungen, Ringe, Knöpfchen und d.g. allerley was zum Putze ihrer Frauenzimmer und zur Verzierung der Sättel der Männer erfordert wird. – Sie verhandeln solche Zierathen auch an die Tungusen. Ich hatte Ge-legenheit zu sehen wie sie dieser Kleiderverzierungen verfertigen. – Aus von altem Geschirr genommenes Kupfer oder Messing wird mit einem Theil Zinn versetzt in den Tiegel gethan und dann auf einem einfachen Jurtenheerd ge-schmolzen, in welchem eine zirkelförmige Vertiefung ausgehöhlt ist, welche mittelst zwey Röhren mit äußerst einfachen blos aus Schläuchen bestehenden Blasebälgen in Verbindung stehen. Diese werden abwechselnd von einem Gehülfen in Berührung [?] gesetzt. Man bedient sich blos Holz & Kohlen zu dem Schmelzen. Das Metall kam in einer halben Stunde in Fluß. Die Formen aus Leimerde wurden einstweilen durch zwey Bretter und mit Riemen zusam-mengefügt. In der Öffnung welche mit dem [!] wurde ein kleiner irdener Trichter gesetzt, durch welchen das fließende Metall in die Formen gegossen wurde. Gleich darauf wurde von der Frau des Jakutischen Gießmeisters aus dem Munde eine Quantität Wasser auf das Metall in dem Trichter gespritzt, welches in einigen Minuten erkaltete. Das Stück war ziemlich gut gegossen, und wurde nachher mit der Feile vollkommen ausgearbeitet.

Sie haben keine Wagen und bedienen sich zum Transporte blos der Pferde. Das für das Vieh nöthige Heu schleppen sie im Sommer auf einer Art von Schlitten mit Ochsen bespannt, nicht ohne Mühe, nach Haus.

Von ihrer Brautwerbung und Hochzeiten

Ihre Hochzeiten begehen sie mit vieler Feierlichkeit und Formalität. Die Jakuten können so viele Weiber haben, als es ihre Umstände erlauben. Viele haben 3 bis 4, die reichsten jedoch manchmal bis 15 Frauen.

Der Bruder kann die Stiefschwester und selbst seine leibliche Schwester heirathen. Nach dem Tode des Vaters kann der Sohn seine Stiefmutter heirathen, wenn er die selbe von den Verwandten mit dem Preis von 10 bis 100 Stück Vieh auskauft.

Ist einer gesonnen zu heirathen, so wird ein Abgesandter als Freyer an die Verwandte der Braut abgeschickt, dieser, gewöhnlich ein altes, vernünftiges, rednerisches Männchen schließt dann eine Übereinkunft gleichsam einen vollständigen Heiraths Contract, welcher durch einen Handschlag bekräftiget wird. – Ist der Bräutigam mit den eingegangenen Bedingnissen des Brautwerbers zufrieden, so schenkt er diesem 10 bis 20 Rubel und reiset dann selbst mit ihm zu seinem zukünftigen Schwiegervater, wobey er schon die Hälfte oder den dritten Theil, der in der wechselseitigen Abmachung bestimmten Zahl Vieh als Geschenk mit sich bringt. Diese Gabe, wozu der Bräutigam verpflichtet ist, heißt (so wie die Mitgabe der Braut) Kalym[95] und bey Wohlhabenden besteht dieselbe vorgeschriebener Weise gewöhnlich in 10 Hengsten und 10 Stuten, von der schönsten Art; 10 guten Ochsen 10 guten Kühen mit Kälbern. Gewöhnlich bringt der Bräutigam auch noch als freywilliges Geschenk fettes rohes und gekochtes Fleisch von einem ganzen Pferde mit sich. Über dies ist er verbunden in der Folge noch den Hochzeits Schmaus zu geben, wobey gewöhnlich eine Anzahl Pferde und Kühe geschlachtet werden müssen. – Hat der Bräutigam sein mitgebrachtes Vieh abgeliefert und sich mit seinem Schwiegervater über alle Verbindlichkeiten besprochen, so legt er sich ohne Umstände zu der Braut in dem vornehmsten Winkel der Jurte nahe an die Schlafstelle des Schwiegervaters. Nachdem er drey Tage bey der Braut zugebracht hat, begiebt er sich nach Hause. – Wenn es sich ereignet, daß der Schwiegersohn den abgemachten Ankaufspreis der Braut in längerer Zeit nicht zu zahlen im Stande ist, so wohnt einstweilen die junge Frau bey ihrem Vater, und der Mann hat blos die Freyheit sie zu besuchen, aber nicht mit ihr gemeinschaftlich zu wohnen. Sollte sie in dieser Zeit Kinder gebähren, so bleiben diese bey ihr. Sobald aber die ganze versprochene Zahl der Geschenke des Kalims ausgeliefert wird, ist der Vater der Braut verpflichtet, die Braut in Begleitung ihrer Anverwandten zum Bräutigam zu führen. Es ist zugleich herkömmlich, daß er bey dieser Gelegenheit dem neuen Schwie-

---

95   [Der Begriff ist auch ins Russische eingegangen.]

gersohn, so wie dessen Vater und Mutter einen ganz neuen Anzug mitbringe.
– Von reichen und großmüthigen Schwiegereltern wird manchmal die Hälfte
des erhaltenen Kalims als Mitgift der Braut dem Bräutigam zurückgegeben;
doch hat er kein Recht hierauf zu bestehen. – Auch schenkt manchmal der
Brautvater dem Vater des Bräutigams 1 Pferd zu 50 Rubel an Werth; den
Verwandten jedem 10 Rubel, den übrigen Hochzeitsgästen aber zu 2 Rubel.

Die gewöhnliche Mitgift einer reichen jakutischen Braut besteht in folgender Ausstattung:
1) Mehrere Oberpelze von dichterem oder leichterem Rauchwerk
nämlich:
a) Einen Winter Oberpelz von Luchsfellen, dies ist ein Hauptstück der Ausstattung und kostet über 100 Rubel
b) Einen zweiten aus schwarz grauem Grauwerk, das wohl 30 bis 40 Rubel
kostet. Er wird aber mit rothem englischem Tuche überzogen wovon die Arschine wohl gegen 36 Rubel kosten kann.
c) Einen dritten Oberpelz aus weißen Rennthierfellen zu 40 bis 50 Rubel.
d) einen gemeinen ebenfalls nur braunen Rennthierfelle für 15 bis 20 Rubel.
Zu all diesen Pelzen besserer Art gehört noch eine Einfassung oder Verbrä-
mung von Biberfellen, die allein auf 100 Rubel zu stehen kommt. Hierzu noch
eine Garnitur von Zierathen welche auf die Nähte gesetzt wird und 3 bis 5
Rubel betragen mag.
2) Einen Unterpelz von Hasenfell mit Tuch von dunkler Farbe überzogen,
und einem Umschlage von Seehund, auf den Nähten blauer chinesischer
Nankin; kömmt auf 30 Rubel zu stehen.
3) Einen dritten Pelz aus Rennthierfellen mit eben dem Umschlage und demselben Besatz der Nähte. 18 Rubel. –

Dann 3 Hemden. Eins von glatter chinesischer Funfa [oder Funsa?] (Eine
Art starkem Seidenzeug.) zu 6 Rubel das Stück. Ein anderes aus buntem rothem baumwollenen Zeug, zu 3 Rubel 50 Kopeken und das dritte aus einem
gemeinen chinesischen Stoffe Dabu [wohl 大布] genannt. 2 Rubel.

Tagalai ist ein Pelz ohne Ermel und wird nur in Gesellschaften angezogen,
ist mit rothem englischen Tuch überzogen, hat einen Umschlag von Biberfellen. Kostet 150 Rubel. – Über dem Umschlag hangen silberne korallenför-
mige Knöpfchen zu 50 Rubeln an Werth.

Malachai. Die Mütze aus Bieber 30 Rubel, eine andere aus dem Fell des
Vielfraßes (Rossamak[96]) wovon das Hintertheil ebenfalls aus Bieber. 12 Rubel. –

---

96   [russ. *rosomacha.*]

Mit dem Bieberfell wird noch ein Streifen von Luchsfell angenäht. Manchmal ist der Umschlag auch aus Grauwerk. Oben an der Mütze ist gewöhnlich ein silberner Ring der 5 Rubel kostet.

Eine Art von Mütze (Ischabak) deren Obertheil ohne Pelzwerk ist, aber mit Umschlag versehen wird, von Vielfraß oder Bieber. Das Untertheil besteht aus Grauwerk, sie ist überdies mit Bändern und kleinen silbernen Ringen versehen, und kann 20 Rubel kosten.
Eine andere ganz gemeine (Tscheback) 2 Rubel an Werth.
Ein silbernes Halsband. 2 Rubel 50 Kop.
Silberne Ohrgehänge (Starga).
Es werden hiervon 2 bis 4 in jedes Ohr gehängt, – kostet 8 Rubel.
Ein silbernes Brustband mit silbernen Anhängseln, die bis auf den Gürtel reichen, 30 Rubel.
Ein silberner Zylinder für die Zöpfe 20 Rubel.
Unterhosen (Sutery[97]) aus Luchspfoten. Der obere Umschlag so wie der um das Schienbein ist aus Biberfell; sie sind mit Silber verziert. 20 Rubel.
Hosen aus gutem Rennthierleder; das Paar zu 8 Rubel; gewöhnlich brauchen sie drey Paar, 24 Rubel.
Stiefel (Tocbashi[98]) aus starkem Rennthierleder. Inwendig wird der Fuß statt Strümpfen mit Stücken von haarichten Renthierfellen umwickelt. 5 Rubel.
Sommerstiefel (Sasi[99]) aus Kuhleder mit Rennthierriemen, oben mit kleinen silbernen Korallen geziert. 10 Rubel.
Rothe Stiefel aus Hirschleder für den Sommer und Winter. Der Fuß und die Wade werden mit rother oder einer anderen farbichten Seide ausgenäht. 15 Rubel.
Kurze Stiefel (Bashirgas) aus Rennthierleder. 2 Rubel. Diese vier paar Stiefel müssen ohngefähr 4 Jahre dauern. –
Handschuhe aus Luchspfoten mit Biberumschlag, 8 Rubel. Silberner Gürtel mit einem Tabacksbeutel, Stein und Zunder. 20 Rubel. Die Weiber rauchen selten, tragen aber dies wohl als Zierath an dem Gürtel.
Eine seidene Leibbinde, 15 Rubel.
Vier Ringe aus Silber auf den Fingern, das Stück zu Kopek.

Man siehet, daß also blos die Kleidung einer so ausstaffirten Braut bey einer glänzenden jakutischen Vermählung nach einem geringen Anschlag auf 7 bis 800 Rubel gutes Geld zu stehen kömmt; hiebey ist aber das rothe Tuch

---

97   [*sutury* = weite Hosen, Pluderhosen]
98   [vielmehr: *torbasy.*]
99   [russ. *sary*, „roßlederne Stiefel der Jakuten"]

für die Überzüge der Hauptpelze nicht gerechnet, und wenn wir dasselbe nur zu 200 Rubel anschlagen, so haben wir ohngefähr die Summe von 1000 Rubel. Dies ist aber noch nicht alles denn sie bringt manchmal auch das Bettgeräthe mit; besonders, wenn sie die erste Frau dieses jungen Mannes wird. Dieses besteht, bey Wohlhabenden aus folgenden Stücken.

1) Aus drey Oberdecken von verschiedener Qualität: die erste von Haasenfell mit einem Überzug von Ziz und einer Einfassung von Seehund. 30 Rubel. – Eine zweite von dem besten schwarzen Grauwerk. – Der Überzug von Ziz und die Einfassung von Seehund. 30 Rubel. Eine dritte von Renntierfelle, die Einfassung von dunklem Nankin. 18 Rubel.

Ferner

1) Die erste Bettunterlage aus dem schönen weißen jakutischen Kuh- oder Pferdehäuten, mit schwarzer Verzierung ringsherum, das sehr artig aussieht. 5 Rubel. Dieser recht niedlichen Decken bedienen sich die Russen in Siberien recht gern als Fußteppiche und man findet sie in verschiedenen Häusern in Jakutzk und in Irkutzsk.

2) Die 2te Bettunterlage ebenfalls aus solchen Fellen, aber los mit einer einfachen schwarzen Einfassung versehen. 3 Rubel.

Ein Kissen aus weißem Kuhfell. 1 Rubel. Ein anderes aus Rennthierfell. 2 Rubel.

Es geschieht nicht selten, daß eine solche Braut, auch das ganze oben bey der Beschreibung ihrer Wohnungen angeführte Hausgeräthe mit sich bringe.

Hat nun der Vater seine Tochter zum Nomadenlager (Ulash[100]) des Bräutigams gebracht, so steigt er in einem besonderen Zelt ab und schickt einen Verwandten der Braut nach der Jurte des Bräutigams ab, unter dem Vorwande dessen Wohnung zu besehen. Diesen Abgesandten empfängt der Bräutigam auf das Beste mit Einem halben Eimer Kumish und zwingt ihn die ganze Portion auszutrinken. Nach der Rückkunft des Abgesandten gehen alle mit der Braut zu dem Bräutigam. Zwey verwandte Weiber führen dieselbe an beyden Händen umgeben von mehreren anderen Frauen. Es werden ihr die Augen verbunden und beym Eintritt in die Wohnung des Bräutigams wird ihr befohlen mit verbundenen Augen den Vater und die Mutter ihres Mannes von weitem zu begrüßen.

Nach diesem kurzen ersten Besuche führt man sie wieder nach dem Zelte zurück, aus welchem sie so eben gekommen war. – Nun fängt aber das eigentliche Fest in der Wohnung des Bräutigams an, es wird den ganzen Tag über gegessen und getrunken. Bey reichen Leuten versammeln sich manch-

---

100   [vielm.: *ulus.*]

mal an 200 bis 300 Menschen aus der Verwandtschaft beyder Partheyen. –
Es werden des Tags 4 feiste Stutten geschlachtet, zwey zum Mittagsmahl und
zwey zum Abendbrod; manchmal auch eben so viel Kühe und so recht im
Genusse des fetten Fleisches geschwelgt. Alles dieses geschieht auf Kosten
des Bräutigams. Bey einem solchen Feste erster Art gehen manchmal an fünf
Fässer Kumis auf, für 100 Rubel oder noch mehr Brandwein. 10 bis 15 Pfund
Butter u.s.w. – Bei reicheren, die schon etwas mit dem russischen Luxus be-
kannt sind, werden auch zuweilen Weine, die sie von jakutischen Kaufleuten
erhalten, getrunken. – Dieses Fest, welches Pys genannt wird, dauert 3 bis 5
Tage. Zur Winterszeit wird nicht getannzt, weil dann die Jurten hierzu nicht
Raum genug haben, sondern nur gesungen, und in der Nacht werden artige
Histörchen und Fabeln erzählt. Im Sommer aber wird im Freyen getanzt. Zum
Abschiede beschenkt der junge Ehemann die Schwiegereltern und alle Verwandten seiner Frau mit Zobeln, Fuchsbälgen, Geld und Vieh. – Es versteht
sich, daß der ganze Hergang des Hochzeitsfestes den Vermögensumständen
der Verehlichten analog ist, und es bey ärmern viel einfacher hergeht. –
Nach drey Jahren reiset die junge Frau zu ihren Eltern zum Besuch, und besucht zugleich auch alle Verwandte, die bey ihrer Hochzeit gegenwärtig waren; sie holt sich hiebey Geschenke für diejenigen, welche jene bey ihrer
Hochzeit von ihrem Mann erhalten hatten. Fallen diese Geschenke gering aus,
stehen sie in keinem Verhältniß zu denjenigen, welche sie empfingen, so hat
der Mann das Recht, dies vor Gericht klagbar zu machen. So wie die junge
Frau den Vater ihres Mannes nicht sehen darf, so ist auch diesem nicht erlaubt,
sie zu besuchen. Jede Frau wohnt besonders mit ihrer erhaltenen Mitgabe. –
Eine Frau, die die Mitgift erhalten hat, wird als eine freye Frau betrachtet, die
der Mann nicht an einen andern verhandeln darf; dahingegen diejenige, für
welche man Kalym gegeben hat, und mit ihr keine Mitgabe erhielt, von dem
Mann, wenn es ihn gutdünkt, verkauft werden kann, so wie sie auch verbunden ist nach dem Tode des Mannes bey den Erben zu bleiben.

Will sich ein Mann von seiner Frau scheiden, die ihm einen Kalym mitge-
bracht hat, ist er verpflichtet, diesen wieder im Ganzen zurückzugeben. Will
sie aber freywillig aus eignem Entschluß den Mann verlaßen, so erhält sie von
der Mitgabe nichts zurück. Solche Weiber, die von den Männern abgelassen
wurden, oder freywillig dieselbe verließen, können sich wieder ohne Hinder-
niß mit andern verheirathen. –

Von ihren Festen und Belustigungen
Sie feiern nur einmal im Jahr ein größeres Fest, welches aber vom 10ten May
bis zum 20ten Juny fortdauert. Um diese Epoche wird das Vieh durch das

reichliche Futter der Wiesengründe gemästet und die Stutten werfen Füllen. Sie sammeln die Stuttenmilch in Gefäße, eine Art Schläuche, die aus Kuhhäuten, die zuvor in Blut eingeweicht, nachher aber im Rauche getrocknet wurden, verfertigt sind. Zu dieser Milch mischen sie einen Drittheil Wasser, quirlen das Gemisch mit einem hierzu verfertigten Stücke Holz, wovon es schäumt und säuert. Auf diese Art bereiteten Kumis sammelt jede Familie zu diesem Feste 30 bis 50 Eimer. Nach dieser Vorbereitung wird die ganze Familie mit allen Verwandten und jedem andern, der von der Gesellschaft seyn will, zu Gaste geladen. Es versammeln sich manchmal die Gäste beiderley Geschlechts, 200 an der Zahl. Gewöhnlich werden auch 2 Schamanen dazu gebeten. – Einer dieser Schamanen stellt sich in die vornehmste Ecke der Jurte und hält in der einen Hand ein ohngefähr einen Eimer enthaltendes Gefäß mit Kumis; mit der andern taucht er einen kleinen Besen in dasselbe und bespritzt damit die Höhe der Luft. Dann füllt er ein großes Glas mit diesem Getränk, wendet sich nach Osten und gießt es dreimal mit Knieverbeugungen ins Feuer, das mitten im Zelte angemacht worden, und ein Gebet murmelnd bringt er seine Danksagung der Gottheit für ihre milden Wohlthaten. – Hierauf wendet er sich nach Süden, Westen und Norden, und gießt hiebey jedes mal Kumis ins Feuer. Durch diese Ceremonie erbittet er auch die bösen, feindlichen Geister, die außer nach Osten in jeder Weltrichtung sich befinden sollen. Er bittet sie hiebey, daß sie zulassen möchten, daß man diese Früchte der Wohlthaten Gottes in Ruhe genießen möge. Alles Unglück, aller Mangel, jeder widrige Zufall, herrschende Seuchen u.s.w. wird dem Einfluß dieser bösen Geister zugeschrieben. Nach Beendigung dieser Ceremonie zieht der Schamane seine Mütze ab, schwenkt dieselbe umher und ruft mehrmals *Usui* welches so viel als *gieb ihm* oder *sey ihm günstig wohlwollend* bedeutet. Die ersten aus dem Geschlechte des Wirthes wiederholen, rund um das Feuer sitzend, jenes Wort dreimal. –

Nun ergreift der Schamane wieder das Gefäß mit dem übriggebliebenen Kumis, trinkt davon und giebt es dem zweiten Schamanen, der nachdem er getrunken hat, es allen Gegenwärtigen zum Kosten reicht, diejenigen ausgenommen, die in diesem Monate in der Nähe eines Tod[t]en gewesen sind, oder in dem Verdacht eines Diebstahls oder eines falschen Zeugnisses stehen. – Den Weibern wird dieses gesegnete Getränk nicht nur nicht mitgetheilt, sondern es ist ihnen auch verboten der heiligen Ceremonie beyzuwohnen, und sie werden während derselben nicht in die Jurte gelassen.

Nachdem diese Scene beendiget ist, verläßt die ganze Gesellschaft die Wohnung, setzt sich auf's Feld in runde Reihen und trinkt aus Birkenrinde gemachten Gefäßen Kumis, indem sie dieselbe von Hand zu Hand im Kreise herumgehen lasse. Wer am meisten zu trinken versteht, wird von den andern mit Lobeserhebungen überhäuft. Es giebt Trinker unter ihnen, die einen ganzen Stoff[101] auf einmal, ohne daß man sie im Schlucken absetzen hörte, hinunter gießen. –

Bey diesen Festen erscheinen die Weiber in ihrer besten Kleidung, sie stellen sich Hand in Hand in runde Kreise, singen einförmiche, monotonische Gesänge und tanzen nach dem Gesange. Die Männer tanzen nie, sie belustigen sich mit Ringen, Wettlaufen, und Pferderennen. Sie haben keine eigentlichen allgemeinen Volkslieder, jeder singt dasjenige, was ihm gerade einfällt, oder er besingt irgend einen Gegenstand, der sich gerade seinem Blicke oder seiner Einbildungskraft vorstellt. Sie singen oft in beständigen gezogenen Trillern. Ich hörte während meiner Reise an der Lena oft die Jakuten, welche die Schiffe ziehen und die Ruderknechte sich mit dem Gesange die Zeit vertreiben. Zu ihren Hauptgenüssen und ihrem vorzüglichsten Zeitvertreibe gehört das Tabaksrauchen, wozu das männliche Geschlecht, alt und jung, eine leidenschaftliche Neigung haben. Auch die Frauen erlauben sich manchmal dieses Vergnügen. – TabaksSchnupfer giebt es nur sehr wenige unter ihnen und es ist dies schon eine von den Russen angenommene Gewohnheit.

Zeitrechnung und Gestirne

Sie theilen das Jahr in 12 Monate ein und benennen diese auf folgende Weise
Ochsinnii Januar – Tochsinnii Februar
Odunnii Merz – Kulupschularja April
Busnitar May – Emibesne Juny
Omme July – Ochtirtschik August
Scheidujnii September – Besinnii October
Olinnii November – Lutinii December.
In jedem Monate zählen sie 30 Nächte; die Tage scheinen sie nicht zu zählen. Wie sie aber bei ihrer Jahresberechnung die überflüssigen Tage einschalten oder ersetzen, darüber konnte ich keine hinlängliche klare Erkundigung einziehen. – Unter den Sternen bemerken sie vorzüglich denjenigen, welchen die Russen Sarnitza[102] nennen, den Morgenstern, sie nennen ihn Tochelborn. – Sie verstehen so wie die russischen Bauern nach der Richtung des großen Bären, den man in Siberien aber Sachatai benannt, die Zeit der Nacht zu erkennen oder einzutheilen. Sie suchen immer mit dem Aufgang des Morgensterns zu ihren nöthigen Geschäften oder Reißen und Ritten fertig zu seyn. –

---

101   Stoff ein russisches Maas welches ohngefähr 4 deutsche Schoppen enthaltet.
102   [russ. *zornica.*]

Viele halten die Zeit des zunehmenden Mondes für ein glückliches frohes Ereigniß befördernde und Unternehmungen begünstigende Zeit, die Abnahme desselben als ein unglückliche sorgenarme [?] Epoche. –

Religion und Schamanen

Die Jakuten glauben an die Existenz einer unabhängigen oberen Gottheit, welche die Welt erschaffen hat, und die die Gründe und die Ursache alles Guten ist. Zugleich glauben sie aber nach ihren Begriffen eine Menge untergeordneten Gottheiten oder Geister, wovon einige sich mit Wohlthun beschäftigen, die andern aber lauter Unheil, Schaden und Übel stiften und eine Freude daran haben, den Menschen auf alle mögliche Art zu necken. Über die verschiedenen Namen dieser untergeordneten Gottheiten sind unter sich die Schamanen nicht einig, und fast jeder Schamane erkennt einige dieser Geister, die der andere nicht kennt und von deren Existenz er keine Notiz nimmt. Der Sonne jedoch und dem Feuer, als den vorzüglichsten untergeordneten göttlichen Wesen, erweisen die Jakuten göttliche Verehrung. Den obersten Gott nennen sie Tagara[103]. Von den untergeordneten bösen Gottheiten den Vorzüglichsten, der mit unserem Satan zu vergleichen ist, Abasi [Abaasy]. Unter den gutartigen Geistern kommen öfter die Namen Frun-as Motturen Motk-chan, Schengei, und Suje-Tojon[104] vor. Einige nennen den Obergott Artojon (Reiner Herr!) dessen Frau Scobey-Chotun (Verehrungswerthe glorreiche Frau!) Diese soll ihren Voreltern in der Gestalt eines Schwans erschienen seyn, daher sie diesen Vogel auch nie speisen. Ferner von den verschiedenen guten Gottheiten Singa-tojon, Herr der den Sommer regiert. Schesingey-tojon, der Kinder, Vermögen und Viehgebende Herr, dessen Frau Aigit die Geberin. Echeit ist derjenige, der die Gebote der Sterblichen annimmt und sie den Göttern überbringt; so wie er auch die Befehle den Menschen überbringt, der wahre Mercur der Alten. Dieser Götterbothe nimmt bey jeder Sendung eine andere Gestalt an, besonders soll er oft in folgenden Verwandlungen erscheinen, in Gestalt eines weißen Füllens, einer Krähe u.s.w. Das Thier unter dessen Gestalt er einem Geschlechte erschienen ist, wird von diesem nicht zur Speise gebraucht; dem Feuer bringen sie tägliche Opfer als einer göttlichen Macht, in dessen Gewalt die Zerstörung liegt und deren Zorn sie fürchten. Sie glauben, daß es von der Willkühr dieses Elements abhänge, ihnen Krankheiten zu schicken, oder Wohnungen, Vermögen und sie selbst zu verzehren. – Die Sonne verehren sie als eine Gottheit, die ihr

---

103　　[tagara = Himmel, Gott.]
104　　[tojon = Herr.]

besonderes Wohlgefallen am Wohlthun findet und dafür nie eine Wiedervergeltung fordert. – Sie zählen 27 Arten oder verschiedene Geschlechter von bösen Geistern, die in der Luft leben, und wovon jedes Geschlecht über die Pferde von einer besonderen Farbe der Haare herrscht. Die Befehlshaber dieser Geister nennen sie Ulu-tojon (Großer Herr). Sie behaupten er sey verheirathet und hätte eine Menge Kinder beyderley Geschlechts, die ihren Aufenthalt im Innern der Erde und sich schon bis in die achte Generation fortgepflanzt haben. Unter dem Einfluß dieser Nachkommenschaft stünde das Hornvieh, und die ältesten dieser unterirdischen Geister, oder deren Befehlshaberinn nennen sie Aschari biogio (Mächtige, Alte Göttin) und eine ihr zugegebene Gehülfin Nachiet (die Viehmagd). Diese fügen den Kühen zuweilen Schaden zu und erdrükken manchmal die Kälber bei der Geburt. In ihren Jurten sieht man oft aus Holz geschnitzte Puppen ähnliche Figuren aus Korallen oder metallenen Knöpfchen einsetzt, und welche eine Art von Hausgötzen vorstellen. – Diese Götzen nähen sie zu 2 oder 3 in Birkenrinde ein, so daß nur die Köpfe heraus zu sehen sind. Sie werden nicht durch Verbeugungen begrüßt; wenn aber ein Jakute sich an fettem Fleisch oder an Butter labert, so bemahlt er seinem Götzen das Maul und Gesicht mit dem Fett, welches niemahls abgewischt wird. Wenn sie Fleisch oder Grütze gekocht haben, so halten sie das Geschirr welches die Speise enthält zuerst an den Kopf dieses Götzen mit dem Aberglauben, daß die Geister sich schon von dem Geruche dieser Speise sättigen; hierauf werfen sie einen Theil von dem Gerichte in's Feuer, und wenn dasselbe knistert, so profezeyt dieser Umstand ein großes Unglück; um dies gut zu machen und demselben vorzubeugen wird sogleich fett und Butter oder sonst etwas von ihren besten Speisen ins Feuer geworfen. Desgleichen alberne abergläubische Gebräuche gibt es mehrere. – Bey schlechter Witterung, bey zu großer Hitze und Kälte schimpfen sie auf die bösen Gottheiten. – Sie glauben daß es neun verschiedene Himmel oder neun Stuffen der künftigen Seeligkeit gebe, Togus-chalan, und daß man dort oben solches Hornvieh nun viel schöner als auf Erden finden werde. – Wenn ein Jakute vor einer russischen Kirche vorübergeht, so verbeugt er sich mit zur Erde geneigten Händen, und spricht das Wort *Tagara*, wodurch er erkennt, daß dies Gebäude dem höchsten Gott geweiht ist. Die Schamanen männlichen und weiblichen Geschlechts stehen bey ihnen im großen Ansehen und haben großen Einfluß auf das innere der Familien. Sie sind es hauptsächlich, welche die Namen und Geschichten der verschiedenen Gottheiten genau kennen und anzugeben wissen. Ihre Gaukeleyen, Gestikulationen und Zaubereyen, ihr Kostüm ist schon von verschiedenen Reisebeschreibern genau angegeben worden, und ich übergehe sie hier, da ich vielleicht noch später davon zu sprechen Gelegenheit haben werde. – Wenn auf Reisen die Jakuten über hohe Berge passiren, so reis[s]en sie einige Haare aus den Mähnen der Pferde und hängen dieselbe an die nächststehende Bäume. Auch hängen sie manchmal verschiedene Läppchen u. d. gl. Kleinigkeiten auf. Es ist dies als ein Opfer den gebirgsbeherrschenden Gottheiten gereicht, zu betrachten. Fußgänger hinterlassen bey dieser Gelegenheit ihren Wanderstab als Opfer. – Zum Beten und Opfern haben sie keine bestimmte Zeit am Tage. Es hängt dies von Umständen, von besonderen Anliegen, von einem Vorhaben oder von einem Kummer ab. – Ich habe mich nicht genau überzeugen können, ob sie an eine Belohnung der Tugend und an eine Bestrafung des Lasters in jener Welt glauben. Ein großer Theil der Jakuten hat sich schon dem Christenthum ergeben. Da sie sich aber mehr aus Politik als aus wahrer Überzeugung taufen lassen, so bleiben dennoch diese Halbchristen, die mit den heydnischen ungetauften zusammenleben und verkehren, noch immer größtentheils den Gebräuchen und Gewohnheiten ihres früheren Aberglaubens mehr oder weniger getreu.

Der kräftigste und fürchterlichste Schwur, den sie leisten, besteht in folgender Ceremonie. Es wird ein Topf mit Butter aufs Feuer gesetzt. Neben das Feuer wird ein Bärenkopf hingelegt, dann wird der Beschuldigte gezwungen, die geschmolzene Butter allmählich zu trinken und in den Bärenkopf zu beis[s]en. Hierbey muß er folgende Eidesformel wiederholen, „Und wenn ich schuldig befunden werde, so müßte ich von keinem Vieh Nahrung erhalten; und wie ich in diesen Bärenkopf beiße, so möge mich dieses grimmige Thier zerbeißen und zerreißen." Nach Beendigung dieses Schwurs muß der Schwörende sein Haupt mit Asche beschütten. Man wälzt durch solchen Eid manchmal einen richtigen Verdacht von sich. Begegnet aber in der Folge demjenigen, der den Schwur geleistet hat, ein zufälliges Unglück, so wird dies für einen Beweis des falschen Eides angesehen, und er wird von gemeinschaftlichen Berathschlagungen u.s.w. ausgeschlossen, und kann in keiner Streitsache oder Gerichtsangelegenheit als Zeuge zugelassen werden. Das allgemeine Vertrauen ist ihm genommen.

Abreise von Jakutzk

1 Ich brachte 8 Tage (Vom 15ten zum 22ten Juny) mit den Beschäfftigungen zu, welche die Vorbereitung und Einrichtung zu meiner weiteren Reise, so wie die Abfertigung meiner Equipagen nach Ochotzk über den Aldanschen Weg erforderte, so daß ich mit meiner Gesellschaft erst spät am 22ten Juny zum Aufbruche fertig wurde, und die für unsere Expedition zur Überfahrt über die Lena am Ufer wartenden Böthe besteigen konnte. – Zur Escorte gab

man mir hier noch einen Unteroffizier Namens Tatarinov nebst einem Soldaten so daß nun unsere Expedition aus sieben Mann bestand. Auch fand sich
hier noch ein Beysitzer (sasedatel[105]) aus dem Jakutischen Gericht an, Namens
Procopi Sacharov, der uns wegen der Ordnung bey der Herbeyschaffung der
Pferde begleiten sollte. Wir besetzten drey Überfahrtsböthe und kamen in der
Nacht in einer Entfernung von sieben Werst über den breiten Fluß am jenseitigen Ufer bey der Station an, welche die, wie es scheint, nach dem Deutschen
gebildete Benennung Jahrmarka[106] (Jahrmarkt) führt. Man hört hier öfter gewissen Orten diesen Namen geben, jedoch bedeutet derselbe gewöhnlich keinen Platz, wo gehandelt wird, sondern jeden Ruheort auf der Reise und besonders solche, wo die Zelte aufgeschlagen werden, wird
2 von den Jakuten Jahrmarka genannt.

den 23ten Juny
Hier ist der Sammelplatz aller Equipagen und Reisenden, welche sich nach
Ochotsk, Udskij Ostrog[107], Saschiversk[108] und dem Aldan begeben wollen.
Hier theilen sich auch die Wege nach den verschiedenen Gegenden.

Wir brauchten 10 Pferde für die Karren, welche mit unsren Effekten beladen waren, und 12 Reitpferde für Uns und unsere Begleitung, so daß wir in
Allem 22 Pferde hatten.

Wir ritten früh Morgens fort; eine Werst von der Station hatten wir die
Unannehmlichkeit in einen Sumpf zu gerathen und mit der Equipage stehen
zu bleiben. Man könnte füglich auf den gewöhnlichen Telegen[109] zur Sloboda
Amga kommen; der Weg ist seit der Billings'schen Expedition[110] hierzu eingerichtet, aber seit jener Zeit wieder vernachlässigt worden. Indes könnte er
wieder ohne viele Mühe zu einer fahrbaren Straße umgewandelt werden, da
alle natürlich Hindernisse leicht zu überwinden sind. Das Reisen mit

---

105   [russ.: заседатель.]
106   [russ.: ярмарка.]
107   [Siedlung am linken Ufer der Uda, etwa 90 Werst oberhalb ihrer Mündung.]
108   [russ.: Зашиверск, am Mittellauf der Indigirka.]
109   [russ.: телега. Eine Art kleiner in ganz Rußland gebräuchlicher vierrädriger Pferde-
      wagen, deren man sich sowohl zur Transport der Waaren als auch zum Postreisen
      bedient.]
110   [Joseph Billings, ?1758–1806, britischer Seemann, der 1785–1794 in russischen
      Diensten eine Expedition zur Erforschung der Beringsee und Alaskas unternahm. Vgl.
      *An account of a geographical and astronomical expedition to the northern parts of
      Russia, performed ... by J. Billings in the year 1785, etc. to 1794; narrated from the
      original papers by Martin Sauer.* London: Cadell & Davis 1802. XXVI, 332, 58 S.]

Fuhrwerken hat aber hier vorzüglich auch des wegen seine Beschwerlichkeit weil die Jakutischen Pferde keineswegs eingefahren oder zum
3 Ziehen abgerichtet sind. Auch ist bey den Jakuten keine einzige Telega zu finden.
Folgende sind die Stationen mit ihrer Entfernung von Jakutzk bis Amga. –

1 Jahrmarka	7 Werst	
2 Bejurskoi	35 —	
3 Urgalachskoi	34 —	
4 Schenkaria	35 —	
5 Onkogunskoi	35 —	
6 Krestaskoi	45 —	
7 Amginskoi	<u>35</u>	
	187 W	

An dem Flusse Sala sah ich eine feine Leimerde, wovon die Jakuten mit bloßer Hand Töpfe verfertigen, die aber im Feuer nicht roth brennen. – In dieser Gegend soll in diesem Jahr eine Pferdekrankheit geherrscht haben: – wahrscheinlich der Milzbrand, der unter Jakutischen Pferden häufig vorkommen soll. –

Der Weg führte durch sehr abwechselnde Gegenden; bald über natürliche Wiesen, dann wieder über gutes zum Ackerbau tüchtiges fettes Land; meistens Flächen, die zuweilen von sandichten Stellen unterbrochen wurden. – An einigen Stellen kommen wir durch sumpfichte Stellen; auch sah ich einige kleine Seen.
4 Sie sollen blos Karauschen und 2 andere Arten Fische enthalten, die man mir Tschuki und Murduschki[111] nannte, wovon ich aber keine zu sehen bekam. – Von Pflanzen fand ich folgende. Bartsia pallida[112], Phlomis tuberosa[113], Linum perenne[114], Veronica incana[115], Gnaphalium Leontop.[116], Potentilla hirta[117] eine Decandria[118] ignota, – Lychnis[119], – Ledum palustre[120], – Andro-

---

111 [russ.: мундушка, abgeleitet von jakutisch *mundu* - Phoxinus L. Elritze; es findet sich aber auch eine Ableitung von russ. (?) *мунда* – Cobitis L., Steinbeißer, Grundel.]
112 [*Bartsia pallida* L. (Scrophulariaceae).]
113 [*Phlomis tuberosa* L. (Lamiaceae).]
114 [*Linum perenne* L. (Linaceae).]
115 [*Veronica incana* L. (Scrophulariaceae).]
116 [*Gnaphalium leontopodium* L. (Asteraceae).]
117 [*Potentilla hirta* L. (Rosaceae).]
118 [Pflanzen, die sich durch 10 Stamina (Staubfäden) auszeichen.]
119 [*Lychnis* L. (Caryophyllaceae).]
120 [*Ledum palustre* L. (Ericaceae).]

meda polifol: calyculata[121], – Salices – Ranunculus[122] – forte novus? – Astragalorum Species 2 antea repertae – Gramina[123], Plantago[124], Anemone narcissiflora[125], Trifolium Lupinaster[126] rubrum[127], Delphinium grandiflorum[128]. – Von Bäumen Tannen, Lerchen, niedrige Erlen, Crataegus[129], und eine strauchartige Birke. Wir kamen Abends auf der 2ten Station an, die nur aus einer einzigen Jurte bestand.

24t. Juny

Die Nacht war so kalt, daß Wasser in einer Schale Eis ansetzte. Um 6 Uhr früh war nur 3 Grad und um 8 Uhr 12 Grad Wärme. In der Nähe der Station fand ich eine Fumaria[130] floribus luteis, und eine Arenaria[131]. –

5 Wir setzten unsern Weg nach 8 Uhr Morgens reitend fort. Der Weg ist zuweilen wirklich breit, von Steinen gereinigt, und für kleine Fuhrwerke fahrbar, aber oft stößt man auch auf augenscheinliche Vernachlässigungen z.B. umgefallene und in den Weg gestürzte Bäume sind nicht fortgeschafft, sondern man hat sie manchmal sogar dazu benützt um mitten auf der Straße Feuer damit zu machen, das dann sich selbst überlassen öffters sich auf die Seiten in das Gehölz verbreitet. Man findet zuweilen tiefe Klüfte, die der Regen ausgespült hat und die nicht wieder aufgefüllt wurden. Dieser Hindernisse wegen müssen die Reiter selbst oft Nebenwege einschlagen. Man kömmt auf Wiesenflächen, wo keine Spur vom alten Wege übrig ist, sondern blos enge Pfade für Pferde entdekt werden. – Die Landschaft bietet fortdauernd einen abwechselnden Karakter dar. Große Heuschläge folgen auf waldichte Plätze, und diese auf jene. Die Jakuten unterscheiden sich von den mongolischen Völkern vorzüglich dadurch, daß sie etwas mehr Sorge für ihre Pferde haben und wenigstens Heu für dieselben einsammeln.

6 Das Land ist überall sowohl zur Viehzucht als zum Ackerbau tauglich. Sandfelder trifft man selten, auf einigen wenigen Sumpfstellen sah ich einige

---

121   [*Andromeda calyculata* L. (Ericaceae).]
122   [*Ranunculus* L. (Ranunculaceae).]
123   [Gräser.]
124   [*Plantago* L. (Plantaginaceae).]
125   [*Anemone narcissiflora* L. (Ranunculaceae).]
126   [*Trifolium lupinaster* L. (Leguminosae).]
127   [Vgl. *Lupinaster* Buxb. ex Heist. (Leguminosae).]
128   [*Delphinium grandiflorum* L. (Ranunculaceae).]
129   [*Crataegus* L. (Rosaceae).]
130   [*Fumaria* L. (Papaveraceae).]
131   [*Arenaria* L. (Caryophyllaceae).]

Betula alba[132], doch nur von mäßiger Höhe. Die kleine strauchende Birkenart ist dafür desto häufiger; hier fand sich auch *Cynosurus erucaeformis*[133]. Auf nicht unbeträchtlichen Stellen war das Gras von der Tageshitze gleichsam schon vertrocknet, es soll sich aber bald vom Regen wieder erholen und diese Plätze sollen nicht jedes Jahr so verbrannt aussehen.

Wir kamen Nachmittag auf der Station Urgalachkoi an, die auf einer Wiese in der Nähe eines Sees wie die Vorige gelegen war. Kurz vor dieser Station fand ich blühend *Anemone dichotoma*[134], und früher auch *Pedicularis euphrasioides*[135].

Eine Werst seitwärts vor der Station soll sich ein ansehnlicher See befinden.

7 Es befinden sich hier viele Wiesengründe. Man rechnet sehr große Heuschläge von der vorigen Station bis zu dieser, die den Besitzern dieser Station zugehören. Diese gehört eigentlich den Jakutischen Fürsten, welche zugleich die Pferde zu liefern haben. Der Jermagen Wassiliev giebt 8 Pferde und Gabriela Bereskin 4 Pferde. Es waren also nur 12 Pferde vorhanden, welches die gewöhnliche gesetzmäßige Zahl derselben ist, welche jedesmal auf der Station gehalten werden müssen. Nur bei außerordentlichen Krontransporten und in Aufträgen der Regierung abgeschickten größeren Expeditionen darf diese Zahl vermehrt werden. – Es befinden sich hier noch drey Jakutische Knechte, und ein Weib welches für die Leute kocht und nöthigenfalls auch wäscht. –

Von Thieren soll es in der Umgebung fünzig Uschkans[136] geben, Bären und Wölfe aber nicht.

8 Dienstags.

Heute d. 26ten Juny, hatten wir einen sauren Ritt. Drey Stationen, die zusammen 85 Werst ausmachten, wurden in einem Tage zurückgelegt. Ich kam Abends um 9 Uhr in Amginskaja Sloboda an. – Meine Transportwagen hatte ich unter der Aufsicht und Verantwortung des Unteroffiziers Tartarinov zurückgelassen und erwarte sie heute. – Der Komissär von Amginsk, Michailo Wassilitisch Neustrojeff und ein Jakutischer Fürst ritten mir bis auf denselben Weg von der vorigen Station entgegen.

---

132   [*Betula alba* L. (Betulaceae).]
133   [*Cynosurus eruciformis* [Soland.] (Poaceae).]
134   *[Anemone dichotoma* L. (Ranunculaceae).]
135   [*Pedicularis euphrasioides* Stephan (Scrophulariaceae).]
136   [russ.: ушкан, Hase.]

Auf dem ganzen Weg habe ich Nichts als fruchtbares Ackerland und vortreffliche Wiesen angetroffen, auch mehrere Landseen, von welchen einige nicht unbeträchtlich waren. Die Gegend schien mir trotz der Härte des hiesigen Winters fähig eine zahlreiche Bevölkerung zu ernähren. – Der Weg ist an vielen Stellen breit und fahrbar, öfter aber passirt man kleinere schmale Reitwege, die absichtlich wegen der geraden Richtung gewählt werden. Wir hatten ein heftiges Gewitter, worauf es den Rest des Tages über regnete, und ich bis auf die Haut durchnäßt wurde. – Wir kamen über mehrere Brükken, die aber jährlich durch die Überschwemmungen ruinirt werden. Auf dem selben Wege von der Sloboda erblickt man zur linken einen beträchtlich hohen Bergrükken. *Podalyria lupinoides*[137] war häufig auf flachem Lande ohnweit der Sloboda.

9 Montags, den 25ten Juny, früh um 4 Uhr 6° Wärme: der Himmel bewölkt. Ich hatte mir zwar vorgenommen heute zwey Stationen zurückzulegen; dies gelang aber nicht, weil wir auf der zunächst folgenden keine Pferde vorräthig fanden. – Der Weg zwischen den beyden Stationen läuft beynahe durchaus durch eine gleichförmige Ebene, lauter Heuschläge mit dem schönsten Gras. Nirgends sandichte Plätze, zuweilen zerstreute Lerchenbäume und anderes Gehölz. Die strauchende Birke bildet bis jetzt das gewöhnliche Unterholz. Der Weg bleibt sich übrigens gleich, nämlich sehr gut für leichtes Fuhrwerk und Telegen fahrbar. Wir ritten von mehreren großen und kleinen Landseen vorbey, die uns zur Rechten blieben. Man zählt drey größere und vier kleinere Seen. Wir erreichten die Station Schenkaia gegen Mittag. Hier fängt die Gränze des Amginskischen Comissariats an. Von Pflanzen habe ich keine besonderen bemerkt. Anemone dichotoma war sehr häufig auf niedrigen Wiesen.
10 Ich fand hier bereits alles zu meiner weiteren Reise fertig. Der Komissär schickte noch denselben Abend einen Expressen nach Ust-Maja an den Ingenieur „Kapitain Lukin" um ihm zu melden, daß ich bereits in Amginsk angekommen wäre und daß er die Tungusen auffordern möchte, Pferde in Bereitschaft zu halten.

Mittwoch, den 27ten Juny.
Ich hatte mich auf einem guten russischen Lager von den Reisestrapatzen ausgeruht. – Morgens halb 9 Uhr zeigte der Thermometer 17° Wärme. – Die Sloboda Amginskaja liegt in einer fruchtbaren Ebene am linken Ufer der

---

137   [*Podalyria lupinoides* Willd. (Leguminosae).]

Amga, welche ohngefähr 2 Werste von dem Orte entfernt ist. – Diese besteht
nur aus mehreren zerstreuten kleinen Dörfern, die wahrscheinlich nach der
Zahl der allmählig hier angesiedelten Bauern sich vermehrt haben, und nicht
einmal planmäßig und für eine bestimmte Anzahl Einwohner angelegt sind.
Die Häuser sind niedrig, größtentheils ohne Dach und mit Erde bedeckt; sie
haben beynahe alle noch Jurten neben sich. – Die Ufer des Flusses Amga sind
niedrig und seine Strömung nicht schnell. Das Eis ging dieses Jahr im April
auf, sonst bricht es gewöhnlich erst im May. Im Oktober gefriert es gewöhnlich. –

11 Folgende Fische werden in der Amga gefangen, Tschuki[138], Okuni[139], jedoch keine in sehr großer Anzahl.

Die Berge jenseits der Amga bestehen aus Sandstein und Kalkflötzen. Man
findet an der Amga Eisenerz, welches seiner Weichheit ohngeachtet von den
Jakuten verarbeitet wird.

Ich habe heute die Gegend um den Ort besehen. Die Wiesen am Amgafluß
sind vortrefflich und haben die schönsten Futterkräuter. Ich fand folgende
Pflanzen. *Geranium pratense*[140], – *Thalictrum*[141], – *Linum perenne*[142], *Trifo-
lium Lupinaster rubrum*, – *Pedicularis comosa*[143], *Serratula*[144], – *Astragali*, –
Gramina, – *Phlomis tuberosa*, – *Podalyria lupinoides*. Das Land um die
Sloboda ist wirklich fruchtbar; allein nach der Meinung der hiesigen
Komißairs hat es doch in Ansehung der Möglichkeit Ackerbau zu treiben vor
dem bey Jakutzk keine Vorzüge. – Es fehlt in Jakutzk nur an Fleiß und gutem
festen Willen um es eben so weit zu bringen. Jedoch sind auch die hiesigen
Bauern, welche größtentheils aus Verschickten bestehen, nur mit Mühe zur
Bestellung des Ackers zu bringen, weil ihnen die Jakutische sorglose faule
Lebensweise besser gefällt. – Die Erde thaut hier wie in Jakutzk sehr ungleich
auf;

12 an einigen Stellen 2 bis 3 Schuh, an anderen ein Klafter tief. Letzteres ist
in sandichtem Erdreich, ersteres im leimichten der Fall. Dennoch kommt das
Getreide gewöhnlich zur Reife und wenn dies nicht geschieht, so ist nicht der
Zustand des Erdreichs daran Schuld, sondern es wird von den frühen Frösten
verdorben, wie dies im vorigen Jahre an einigen Orten der Fall war. So sehr

---

138   [russ.: щука Hecht (Esox lucius).]
139   [russ.: окунь Flußbarsch (Perca fluvialis).]
140   [*Geranium pratense* L. (Geraniaceae).]
141   [*Thalictrum* L. (Ranunculaceae).]
142   [*Linum perenne* L. (Linaceae).]
143   [*Pedicularis comosa* L. (Scrophulariaceae).]
144   [*Serratula* L. (Asteraceae).]

also hier auch der Ackerbau zurück ist, so ist wenigstens die Möglichkeit desselben hinlänglich erwiesen; und wenn nur bessere Leute hier angesiedelt, und taugliches Ackergeräthe eingeführt würde, so könnte man es hierin unstreitig noch weiter bringen. – Es würde daher sehr zweckmäßig seyn, daß man 6 bis 8 gute russische thätige Familien des guten Beyspieles wegen, als Muster hieher setzte und sie mit den Nöthigen Instrumenten zum Ackerbau versähe, wodurch die anderen zur Nachahmung angereitzt würden. Auch müßten hier wenigstens zwey Windmühlen gebaut werden, die hier Niemand zu bauen versteht und man doch durchaus derselben bedarf.

13 Die hier schon an sich sehr fruchtbare Erde kann noch durch das Düngen verbessert werden, welches freylich im europäischen Rußland auch nicht geschieht, aber hier zur Erwärmung des Bodens sehr nothwendig zu seyn scheint, und ohne Düngen hier Nichts recht gedeihen will. Man hat dieses Jahr hier Versuche mit Leinsaat gemacht, welche sehr gut stand. – Kartoffeln gerathen hier ebenfalls, und sollen sehr groß werden. – 70 Werst von Amginsk und in einer anderen Richtung 50 Werst soll ebenfalls ganz vorzüglich gutes Ackerland sich befinden, welches aber nicht bearbeitet wird. – Man könnte hier auch Schwein und Schaafszucht einführen, wenn man die überflüßigen Hunde, die überall frey herumlaufen, ausrotten würde. Mit Schweinen sind bereits wohlgerathene Versuche angestellt. Das Hornvieh gedeiht hier ziemlich, nur sind die Kälber einer Art tödlichen Diarrhoe ausgesetzt, welche dem Genuß einer Pflanze (?) zugeschrieben wird. Die Kühe welche man von den Jakuten kauft sind einer anderen Krankheit unterworfen, sobald sie eine Zeitlang hier gewesen sind. – Die Zähne schleifen

14 sich ab und fallen aus, auch bekommen sie zuweilen doppelte Zähne. In beyden Fällen wird das Fressen gehindert. Die Pferde gedeihen im allgemeinen sehr gut.

Es wäre sehr zu wünschen, daß im Amginskischen Kreise eigentlich zwey Komißaire angestellt würden oder wenigstens dem einen ein Gehülfe beygegeben würde, damit immer einer davon zur Stelle wäre, wenn der Andere die entfernteren Gegenden bereist, welches wegen der Trugheit und Vollerey des Einwohners oft sehr nöthig ist. Diese Einrichtung wäre überhaupt in ganz Sibirien zu wünschen, da die ungeheure Ausdehnung eines einzigen Kreises den Comissair zu lange Zeit von dem Hauptorte desselben entfernt hält. – Die hiesigen Einwohner sprechen wenig russisch sondern meistens jakutisch. Es werden in dem hiesigen Ort jährlich 6 bis 7 Tonnen Branntwein getrunken. Der Unterschied in Hinsicht der Dämmerung der Nacht zwischen hier und Jakutzk war schon bemerkbar. –

Donnerstag, 28ten Juny.

Morgens um 6 Uhr 10° Wärme; starker Nebel. Nachmittag reisete ich ab von einem jakutischen Fürsten Alexander

15 begleitet. Der Amginskische Komissaire wollte mich aber selbst bis nach Ustmaja[145] begleiten. – Auf demselben Wege wurden wir von einem dem Jakutischen Fürsten untergebenen Oberhaupt und noch einigen anderen Jakutischen Fürsten in ihren besten Kleidern bewillkommt. Bald fand sich auch noch ein anderer sehr bejahrter jakutischer Fürst ein, der bey der Billings'schen Expedition für seinen Eifer eine Medaille erhalten hatte. –

Wir kamen bey der Amginskischen Überfahrt / Amginskoi Pristan 20 Werst von der Sloboda entfernt an, wo bereits alles zu unserem Empfang und zu unserem Transport über den Fluß bereit war. –

Viele versammelte Jakuten gaben mir hier gleichsam ein Volksfest. – Ich sah hier zum erstenmal einen jakutischen Schaman seine Wunderstreiche machen, – eben so wurde ich durch die Tänze einiger Jakutinnen unterhalten, die in ihren besten Kleidern hieher gekommen waren. Die Männer ergötzten sich und mich mit Schießen nach einem Ziele sowohl mit Pfeilen als auch mit Windbüchsen. – Eben so gaben sie mir das Schauspiel des Ringens, bey welchem sie halb entkleidet zwey und zwey eine Art von Zweykampf unternahmen, bey welchem sie viele Gelenkichkeit und Muskelkraft bewiesen. –

16 Sobald der eine auf den Boden geworfen ist, so ist Andere Sieger. Sonst haben diese Ringspiele nicht viel Merkwürdiges. – Ich war bevollmächtigt unter die jakutischen Fürsten und diejenigen der anderen zerstreuten Völkerschaften, die mir vorkommen würden, welche sich durch Eifer für das Allgemeine Beste oder durch Anhänglichkeit an die russische Regierung auszeichneten, silberne Medaillen auszutheilen, womit ich zu diesem Endzweck versehen war. Der Jakutische Fürst Alexander erhielt daher eine solche Medaille für sein Bestreben zur Beförderung des Ackerbaus bey seiner Nation. – Alle Jakuten waren überaus zuvorkommend gegen uns; nicht allein wurden wir von ihnen nach ihrer Weise sehr gut bewirthet, sondern sie gaben uns auch noch einen lebendigen Ochsen als Proviant für die Reise mit; welcher gleichsam unsren ansehnlichen Zug beschloß. Wir übernachteten jenseits des Flusses auf einer schönen und fruchtbaren Ebene. –

---

145   [russ.: Усть-Мая, am linken Ufer des Aldan, der Mündung der Maja gegenüber.]

Freytag, den 29ten Juny.

– Früh morgens wurde von unserem Lager aufgebrochen. Nach einer Entfernung von etwa 2 Wersten kömmt man wieder an die Amga, an deren rechtem Ufer sich eine ziemlich etwa 40 Faden hohe Gebirgsreihe hinzieht.

17 Diese besteht größtentheils aus grobkörnigem Sandstein, der an der Oberfläche schon ziemlich verwittert ist. Das ganze Gebirge hat den Abhang gegen den Fluß mit solchem verwitterten Sande bedeckt. Einzeln ragen ziemlich große Sandblökke hervor, zwischen denen Kiesel, Quarze und andere Steine stekken. – Am Fuß des Gebirges fand ich Eisenerz. Der ganze Gebirgszug ist auf seiner Höhe größtentheils mit Lerchenholz in ansehnlichen Stämmen bewaldet. Ein Umbellif., den ich schon am Baikal gefunden hatte, war häufig; ferner *Arabis pendula*[146], *Antirrhinum Linaria*[147] auf Wald und Wiesen. *Pedicularis meticillata*[148] (?) sehr häufig. – Überdies sammelte ich noch die schon früher gefundene *Pulmonaria Sibirica*[149] – [vermutlich *Pulmonaria maritima*] die *Campanula caule subuniflora*[150] *Vicia*[151], *Astragalus galegiformis?*[152] – Der Weg führte uns durch niedrige morastige Stellen. Das Wasser hatte im vorigen Jahr fast alle Brükken weggerissen. – Sieben Werste von der Amginski'schen Überfahrt / Amginskoi Pristan[153] passirt man einen ziemlich beträchtlichen Bergrükken. Für Telegen ist der Weg sehr beschwerlich, nicht nur weil das Gebürge sehr viel natürliche Hindernisse darbietet, sondern auch weil der Weg oft fast absichtlich durch sumpfichte Plätze und Niedrigungen geführt zu seyn scheint; die bey starkem Regen völlig unter Wasser stehen. Die Jakuten haben sich schon vor einiger Zeit aus dieser Gegend zurückgezogen, daher es auch an Leuten zur Reinigung und Fahrbarmachen des Weges mangelt.

18 15 Werst von Amginskaja Pristan stießen wir auf den ersten kleinen See, an welchem wir ausruhten. An dessen Ufer war der am Baikal vorkommende *Ranunculus pulchellus* m. häufig; ferner *Caltha minor*[154] – *planta toto coelo a caltha palustri diversa et Species valde distincta – flores albi caulis*

---

146   [*Arabis pendula* L. (Brassicaceae).]
147   [*Antirrhinum linaria* L. (Scrophulariaceae).]
148   [*Pedicularis verticillata* L. (Scrophulariaceae).]
149   [*Pulmonaria sibirica* L. (Boraginaceae).]
150   [*Campanula subuniflora* Lam. (Campanulaceae).]
151   [*Vicia* L. (Fabaceae).]
152   [*Astragalus galegiformis* L. (Leguminosae).]
153   [russ.: пристань.]
154   [*Caltha minor* Mill. (Ranuculaceae).]

radicam – Nymphea odorata[155] kam weiter am Flusse Natora noch häufiger vor, eben so *Utricularia vulgaris*[156]. Man zählte bis hieher 8 Brükken und bis zur 60 Werst vom Amginskischen Pristan entfernten Station von hier noch 7, also in Allem 15 schlechte Brükken und 16 kleinere Seen. Wir ritten und fuhren 30 Werst längst dem Flüßchen Natora bis zur Station Chatarschima, welche am Flusse gleichen Namens liegt, der sich hier mit der Natora vereinigt, und 50 Werst von da entfernt entspringen soll. Man hat dieses Jahr zwischen Amginskaja Pristan und Ustmajskaja Pristan 2 Stationen, jede von 60 Werst Länge angelegt, und zwar auf Vorstellung des Kapitains Lukin von dem vorigen Gouverneur von Irkutzk Seliphontoff[157], damit er die Post schneller erhalten könnte. Zu diesem Endzwecke wurden 4 Pferde gehalten.

19 Der Weg ist fortdauernd nicht für Telegen fahrbar. Es wäre jedoch möglich, denselben wieder zu verbessern, wenn das Nieder-Landgericht von Jakutzk unter gehöriger Aufsicht etwa 300 Menschen und 50 Ochsen auf einige Zeit zu diesem Geschäfte abschickte. – Vorzüglich müßten aber die Brücken besser und dauerhafter gebaut werden. Jedes Frühjahr müßte der Weg gereinigt werden. – Es ist Schade, daß die früheren Kosten, welche auf Anlegung dieses Weges verwendet wurden, nun gleichsam verschwendet sind.

Sonnabend, d. 30ten Juny.

Der Himmel war heiter; die Luft mild und warm. Ich machte mich früh auf den Weg. Wir sahen ebenfalls viele Teiche und Seen, an denen die Gegend außerordentlich reich ist. Der Vorzüglichste war der See Kustach, so von den Jakuten genannt. Zehn Werst von der Station passirten wir das große Notar'sche Gebirge von beträchtlicher Höhe und sehr beschwerlich für Telegen. – Vor demselben kamen wir über das Flüßchen Magilak. Der Fluß Notora[158] blieb uns zur Rechten liegen und wird von den Reisenden nicht gesehen. *Campanula punctata*[159] war auf den Gebirgen häufig, blühte aber hier noch nicht. *Cineraria palustris*[160], –

---

155   [*Nymphaea odorata* Aiton (Nymphaeaceae).]
156   [*Utricularia vulgaris* L. (Lentibulariaceae).]
157   [Ivan Osipovič Selifontov, 7. Nov. 1743–7. April 1822 Syvorotkino, 1803–1806 (Ruhestand) Generalgouverneur von Tobolsk, Tomsk und Irkutsk. Vgl. *RBS* 18.1904, 292 (M. Polievktov).]
158   [russ.: Нотора.]
159   [*Campanula punctata* Lam. (Campanulaceae).]
160   [*Cineraria palustris* L. (Asteraceae).]

20 *Epilobium angustifolium*[161] *et Species foliis linearibus, Spiraea salicifo-lia*[162]*, lobata sine floribus sorbifoliis* etc.

Bis zum Flüßchen Magilack zählt man schon 11 Brükken, die eilfte war aber fortgerissen. Fünf Werste von diesem Flüßchen erreichten wir das Makujinskische Gebirge, so genannt weil das Flüßchen Makuja darauf entspringt. Dieser Bergrücken ist hier von Allen der höchste und breiteste; er zieht sich 7 Werste in die Länge. Der Berg selbst kann ohngefähr 250 Faden oder eine halbe Werst hoch seyn. Vom Fuße des Berges kamen wir bald an das Flüßchen Makuja, das hier noch sehr klein ist, weiterhin Seen miteinander verbindet und dadurch sein Bett vergrößert. Wir verfolgten den Fluß Makuja. Die Bäche Batschkal und Chojas fallen in denselben. 55 Werst von der vorigen Station hielten wir unser Nachtlager, weil wir die von hier nur noch 5 Werst entfernte Station wegen Müdigkeit der Pferde nicht mehr erreichen konnten. Zur Linken hatten wir fortwährend eine Gebirgskette, welche stellenweise sehr hoch war – der Wald womit sie zum Theil
21 bekleidet war, bestand größtentheils aus Lerchenbäumen; bis zum Nachtlager zählten wir noch 9 Brükken. Wir sahen viele jakutische Heuschläge.

July

Sonntag, den 1ten. Wir brachen früh auf, und erreichten nach 5 Wersten die Station Chatignach. Allein fanden wir hier weder Jurten noch Leute, blos einen leeren für die künftig zu errichtende Station bestimmten Platz. Wir zogen daher weiter und kamen 20 Werst weit durch die morastige Gegend Badaranch, dann zu dem Felsen Jaßlogor am Flusse Makuja, wo wir unser Mittagsmahl hielten. Von hier 10 Werst weiter erreichten wir den Berg Beslogor und von da nach 30 Wersten die Ust-Majskaja Pristan. In allem hatten wir 65 Werst zurückgelegt. In der ganzen Länge der Station Chatignach bis Ust-Maysk zählt man 29 Brücken. Die Hälfte des Weges besteht wenigstens aus Sumpf. –

Montags, den 2ten July.

Ustmayskaja Pristan liegt am linken Ufer des Aldans, der hier die ansehnliche Breite von 1 1/2 Werst hat. Die Mündung des Flusses Maja befindet sich bergauf gerade der Anfuhrt gegenüber.
22 Der Ort ist sehr gut zum Schiffbau gelegen, weil wegen der beträchtlichen Tiefe des Aldans die Schiffe bis an das Ufer kommen können. –

---

161   [*Epilobium angustifolium* L. (Onagraceae).]
162   [*Spiraea salicifolia* L. (Rosaceae).]

Ust-Mayskaja Pristan besteht etwa aus 20 nach Art der Jakutischen Jurten gebauten Häusern oder Hütten, einem kleinen Betthaus [!], oder einer Kapelle, an welcher sich ein Anbau befindet, an welchem statt einer Glocke zur Einladung zum Gottesdienst geklopft wird; einem Proviant-Magazin, welches schon lange, und wie man behauptet schon zur Zeit der Expedition des Capitains Spannerberg[163] erbaut ist. – Ein Flügel desselben soll sonst als Verwahrungs-Ort für die Exilirten gedient haben. – Zwey Anker von der Billings'schen Expedition lagen vor diesem Magazine. – Der Aldan ist ein sehr wahrscheinlich schiffbarer Fluß, die Maja nicht wieder. Das Eis auf demselben brach dieses Jahr den 20ten Aprill und den 24ten Aprill war der Fluß daher befreyt. Am 26ten Aprill kam jedoch ein neuer Eisgang

23 von der Maja, welche abermahls den Aldan bedeckte und erst den 18ten May waren beyde Flüsse vollkommen vom Eise befreyt. Der Schnee fällt hier von 1 bis 1 1/2 Arschine Höhe. Man hat Versuche mit der Anpflanzung von Arbusen Gurken, Erbsen, Kohl, Kartoffeln gemacht, die alle größtentheils gut gerathen sind.

Voriges Jahr sind hier drey Proviantschiffe und drey Böthe gebaut worden. Ein Weiteres war noch auf dem Stapel.

Ich fuhr nach der Mündung, deren Wasser weit heller, als das im Aldan ist, auch ist die Strömung derselben schneller. Die Ufer der Maja sind nicht hoch, sollen aber weiter den Fluß aufwärts felsicht und steil seyn. An den Ufern giebt es viele von dem Flusse ausgerissene Stellen. In dem Bette selbst mehrere Inseln. Die Fische der Maja sind jene des Aldans, Steeled[164], Taymen[165], Lenki[166], Sigi[167], Tschuki, Nalym[168], Okun, Plotwa[169]. –

Bis Nachmittag war Alles zur weiteren Reise fertig. Der Capitain Lukin gab uns 2 Böthe, eines für uns, das Andere für unser Gepäck. – Mit diesen begaben wir und 15 Werst weit längst dem linken Ufer des Aldan

---

163 [Morten (auch: Martin) Spang(s)berg, russ.: Шпанберг, 31. Dez. 1696–26. Sept. 1761 Kronstadt, Seefahrer in russischen Diensten, erforschte mit Vitus Bering das Beringmeer, die Kurilen und Nordjapan. Vgl. Tatjana Fjodorova, Birgit Leick Lampe, Sigurd Rambusch & Tage Sørensen: *Martin Spangsberg. A Danish explorer in Russian service.* Esbjerg: Fiskeri- og Søfartsmuseet 2002.]

164 [russ.: стерлядь – Sterlet, *Acipenser ruthenus.*]

165 [russ.: таймен – *Salmo taimen*, sibirische Lachsart.]

166 [russ.: ленок – *Salmo lenoc*, eine Art Forelle.]

167 [russ.: сиг (Coregonus lavaretus L.)]

168 [russ.: налим – *Lota vulgaris* oder *fluvialis*, Quappe, Trüsche, Aalraupe.]

169 [russ.: плотва (Rutilus), Rotauge, Plötze.]

24 bis an den Ausfluß des Flußchens Kirenga, nachdem wir vorher die beyden Mündungen der Makuja passirt hatten. Von der Kirenga setzten wir gerade über an das andere oder rechte Ufer des Aldanstroms, wo wir die Nacht und den folgenden Tag wegen den weiteren Vorbereitungen zubrachten. Am Ufer des Aldans wuchsen folgende Pflanzen. Die schon früher gefundenen *Hedysarum floribus rubeis*, schon Samen tragend, *Astragalorum Species tres, (una Species nondum observata floribus laxe Spicatis flavis) Caryophillacea, Polygonum viviparum*[170], *– Melanthium Sibiricum*[171], *Campanula punctata, Rhododendrum dauricum*[172]. –

Das Ufer erhebt sich etwa drey Werst von hier in ein Kalkflötz, welches aus horizontalen Schichten feinkörnichten Kalksteins besteht, die sich an einigen Stellen mit scharfen halbzirkelförmigen Lamellen in den Fluß begeben. – Die Felsen am Aldan scheinen alle aus diesem Gestein zu bestehen. Man findet auch viele Stellen, wo man am Ufer in aufgelösten Schlamm tief einsinkt, und die meist sandichten Stellen abwechseln.

25 Die Ufer des Aldans sind übrigens von mäßiger Höhe mit gutem Bauholz größtentheils mit Lerchenbäumen bewachsen. Die Niedrigungen gaben gutes Futtergras. Zur Reise nach dem Nelkan brauchten wir 16 Lastpferde, für uns selbst 7 Reitpferde 4 andere für die Begleiter und Wegweiser und eines für den Anführer, den tungusischen Fürsten Gregory Komikoff; in allem 28 Pferde. Ein Theil dieser Pferde wurde von einem Jakutischen Fürsten, der am Amga-Flusse hauset, die anderen von in der Nachbarschaft wohnenden Tungusen gestellt. Zwey unserer Wegweiser waren Jakuten, die beyden andern Rennthier-Tungusen, deren Jurten nicht weit von dem Ursprunge der Maja, also in beträchtlicher Entfernung, sich befinden sollen.

Dienstag, den 3ten July.
Nachmittag um 4 Uhr traten wir die Reise nach dem Nelkan an. – Wir wählten den geradesten und kürzesten Weg, auf welchem bis jetzt noch keine Expedition fortgeschafft wurde.
26 Die Tungusen führen hier gewöhnlich nur Reitpferde, welche der Krone angehörigen Proviant tragen. – Sonst nimmt man meistens den Weg mit Böthen von Ust-Mayaskaja Pristan auf der Maya nach dem Nelkan.

Wir legten heute nur noch den Weg von drey Wersten zurück, weil wir einen Platz fanden, wo sehr schönes Futter für die Pferde und gutes Wasser

---

170   [*Polygonum viviparum* L. (Polygonaceae).]
171   [*Melanthium sibiricum* L. (Melanthiaceae)].
172   [*Rhododendron dauricum* L. (Ericaceae).]

anzutreffen war, welches in diesen Gegenden nicht immer der Fall ist. Der Tungusische Fürst bekam von dem Amginskischen Komissair im Namen des Landgerichts ein[en] strengen schriftlichen Befehl, wodurch ihm aufgetragen wurde, uns auf dem kürzesten Weg zu führen und für die Sicherheit der Expedition zu haften. –

  Wir ritten zuerst längst dem Aldan, dann gieng's einen Weg links. Hier befand sich ein tungusisches Grabmahl mit einem aufgehängten Pferde von welchem nur noch die Haut und Knochen übrig waren. Auf der Erde sah man noch Spuren von verzehrten Pferden. Durch einige niedrige morastige Stellen kamen wir wieder

27 an den Aldan, ritten längst demselben und nahmen unser Nachtlager an dem schon erwähnten Felsen. – In den Spalten fand ich Saxifraga mit bulbillen in den Axillen auch *Saxifraga tridactylites*[173]. –

Mittwoch, den 4ten July.

Wir machten heute eine Tagereise von 30 Wersten und nahmen an dem Flüßchen Eljakan, das in die Maya fällt, unser Nachtlager. Dieses Flüßchen ist eine geographische Entdeckung, weil es völlig unbekannt zu seyn schien, und sich nicht auf einer der sehr guten Karten befand, die ich von dieser Gegend mit mir hatte. Von Pflanzen wurde nichts Merkwürdiges gesehen, und wegen dem dichten Walde konnte auch nichts vorkommen. Der Weg ging über Berg und Thal, zum Theil auch wieder durch Moräste. Es wurden heute von den Tungusen die Meister im Schießen sind, 2 junge Auerhähne und ein Eichhörnchen geschossen.

Donnerstag, den 5ten July.

Wir hatten einigen Aufenthalt wegen Pferden, die von der Station entlaufen waren. Wir unterhielten uns einstweilen mit der Jagd, wobey einige Enten und ein Paar Birkhühner, die hier sehr häufig seyn sollen, erlegt wurden.

28 Der Weg führt größtentheils längst dem Flüßchen Eljakan durch ebene und an vielen Stellen mit Heuschlägen versehene Stellen. Die Gebirge in dieser Gegend sind ebenfalls von späterer Entstehung. Es sind meistens Kalkflötzgebirge. – Da hier keine größeren Flüsse sich befinden, so kann man nur selten an Abhängen oder eingestürzten Stellen ihre innere Struktur erkennen.

---

173   [*Saxifraga tridactylites* L. (Saxifragaceae).]

Freitag, den 6ten July.

Seit dem Aldan kamen wir zum erstenmal über einen ziemlich hohen Berg-rücken. Hier fand ich *Pyrola secunda*[174], – *Hedysarum alpinum lamenti-ferum*[175], – *Lycopodium complanatum*[176], *Campanula subuniflora* – *Juniperus sabina*[177], letzterer wächst als kriechender Strauch *ramis adscententibus.* – Wir legten an diesem Tage 35 Werste zurück und erlitten in der Nacht ein starkes Gewitter mit Regen und Hagel. –

Sonnabend, den 7ten July.

Der anhaltende Regen erlaubte uns heute nur, spät aufzubrechen, aus eben der Ursache waren die Moräste schwer zu passiren. Links zog sich ein Ge-birge von Kalkgeschieben hin. Abends kamen wir etwa nach 25 Wersten an den Fluß

29 Tschebda[178], welchen wir durch und am anderen Ufer desselben unser Nachtquartier hielten. – Der Fluß Tschebda ist ziemlich breit und fischreich. Wir fanden hier am Ufer das Gerüst einer Fischerhütte, welche nicht längst von Tungusen verlassen zu seyn schien. Der Fluß ergießt sich so wie fast alle anderen dieser Gegend in die Maja. Die Ufer desselben welche aus lauter Kalkgeschieben von mannigfaltiger Größe bestehen, sind nicht arm an Pflan-zen. –

Populus balsamiflora war häufig, aber nur als Strauch, – *Hypericum ascy-ron*[179], – *Spiraea lobata*[180], – *Caryophillacea*, – *Dianthus*[181], – *Mentha aqua-tica?*[182], – *Stachys palustris*[183], *Tanacetum vulgare*[184], *Senecio saracenicum*[185], *Achillea alpina*[186], *Galium verum*[187], *Galium rubioides*[188], *Selinum*[189], *Sicum* [!]

---

174   [*Pyrola secunda* L. (Ericaceae).]
175   [*Hedysarum alpinum* L. (Leguminosae).]
176   [*Lycopodium complanatum* L. (Lycopodiaceae).]
177   [*Juniperus sabina* L. (Cupressaceae).]
178   [russ.: чебда.]
179   [*Hypericum ascyron* L. (Clusiaceae).]
180   [*Spiraea lobata* Gronov. ex Jacq. (Rosaceae).]
181   [*Dianthus* L. (Caryophyllaceae).]
182   [*Mentha aquatica* L. (Lamiaceae).]
183   [*Stachys palustris* L. (Lamiaceae).]
184   [*Tanacetum vulgare* L. (Asteraceae).]
185   [Vgl. *Senecio saracenicus* W. D. J. Koch (Asteraceae). [1837.]]
186   [*Achillea alpina* L. (Asteraceae).]
187   [*Galium verum* L. (Rubiaceae).]
188   [*Galium rubioides* L. (Rubiaceae).]
189   [*Selinum* L. (Apiaceae).]

angustifolium[190], *Cheiranthus*[191], *Lychnis* (flore albo fimbriato), *Triticum repens*[192,] *Astragalus religioso similis, Veronica maritima*[193], *Cacalia hastata*[194], *Sonchus Sibiricus*[195], *Scutellaria galericulata*[196], *Inula hirta*[197], *Antirrhinum Linaria* (Corolla minus corolocata quam in Speciminibus europaeis occurit), *Carduus crispus*[198], *Thalictrum, Cornus Sanguinea*[199]
30 ist häufig, ebenso *Spiraea Sorbifolia* nondum florem.

Sonntag, den 8ten July.

Hohes Kalkflötz bildet das fortlaufende Gebirge an der Tschebda. Wir durchritten heute zweymal diesen Fluß. –

Populus balsamifera[200] ist abermahls häufig am Ufer und bildet oft ziemlich gute Stämme, *Actaea Cimicifuga*[201] ist spirosum [?], *Juniperus Sabina* häufig, *Lysimachia thryrsiflora*[202], *Ranunculus aquatilis*[203], *multifidus, Paris quadrifolia*[204], vel *Paris dahurica*[205] (*si folia plura quam quina habet*), *Trifolium Lupinaster rubrum, Trientalis europaea*[206], *Pedicularis Sceptrum carolinionum, Ranunculus pulchellus*[207], in udis.

Auch *Ledum Palustre*, dessen Namen ich verändert wünschte, weil es auf allen Gebürgen vorkömmt. Auf einem ansehnlichen Bergrücken sah man in großen Strekken die Spuren eines gewesenen Waldbrands, auf welchen jedoch schon schönes Gras wächst. Die Berge waren übrigens hier mit Buchen, schwarzen Birken und Weiden bewachsen, auch kömmt *Populus tremula*[208] vor.

---

190   [*Sium angustifolium* L. (Apiaceae).]
191   [*Cheiranthus* L. (Brassicacae).]
192   [*Triticum repens* L. (Poaceae).]
193   [*Veronica maritima* L. (Scrophulariaceae).]
194   [*Cacalia hastata* L. (Asteraceae).]
195   [*Sonchus sibiricus* L. (Asteraceae).]
196   [*Scutellaria galericulata* L. (Lamiaceae).]
197   [*Inula hirta* L. (Asteraceae).]
198   [*Carduus crispus* L. (Asteraceae).]
199   [*Cornus sanguinea* L. (Cornaceae).]
200   [*Populus balsamifera* L. (Salicaceae).]
201   [*Actaea cimicifuga* L. (Ranunculaceae).]
202   [*Lysimachia thyrsiflora* L. (Primulaceae).]
203   [*Ranunculus aquatilis* L. (Ranunculaceae).]
204   [*Paris quadrifolia* L. (Trilliaceae).]
205   [Vgl. *Paris dahurica* Fisch ex Turcz. (Trilliaceae) [1854].]
206   [*Trientalis europaea* L. (Primulaceae).]
207   [Vgl. *Ranunculus pulchellus* C. A. Mey. (Ranunculaceae).]
208   [*Populus tremula* L. (Salicaceae).]

31 Unser Nachtlager nahmen wir am Flusse Ingekom, welcher ebenfalls noch in die Maja fällt. Wir hatten ohngefähr 30 Werst zurückgelegt; doch läßt sich die Zahl derselben nicht immer genau bestimmen, wie man leicht einsehen kann, da wir blos nach der auf der Reise zugebrachten Zeit und dem Gange unserer Pferde auf die Entfernung mit mehr oder weniger Genauigkeit schlie-ßen konnten. Jedoch haben die Tungusen sowohl als die Jakuten hierin so viel Übung und Takt, daß sie selten um eine Werst fehlen mögen. Wenn man die letzteren frägt, ob es noch weit zur Station sey, so antworten sie gewöhnlich, einmal zweymal oder dreymal u.s.w. so weit, als man einen Menschen rufen hören kann, oder ein guter Bogenschütze einen Pfeil zu schießen im Stande ist. Im Durchschnitt mochten wir jeden Tag 25 bis 30 Werst zurücklegen.

Swertia perennis[209] war häufig in Uliginasis[210] (*Nectario decem, quinque aristatae, bina ad basin cujusvis petali*). Die Jakuten nennen ein *Equisetum (an hiemale?)*[211] Tschebaga auch Sibiktoi und halten es für das beste und kräf-tigste Futter für die Pferde, dies ich in kurzer Zeit nach dem Genusse dessel-ben erholen. –

Montag, den 9. July.
Heute legten wir eine ziemliche Strekke Wegs zurück und gelangten an die Maja. Hier befindet sich ein Piquet von 5 Soldaten nebst 2 Kosaken wegen der Überläufer vom Aldan'schen Wege; ein Magazin für den Proviant,
32 eine Badstube und einige Jurten, welche aber gegenwärtig nicht bewohnt waren. – Vor kurzem waren hier 2 Magazine und ein russisches Bauernhaus abgebrannt. – Diese Gebäude sind erst vor einigen Jahren errichtet worden. Hier hat das Flüßchen Ingikan seine Mündung. Die Mündung der Judoma ist nur etwa 25 Werst von hier entfernt.

Die Breite der Maja beträgt hier 250 gemessene Faden. Sie ist hier eben so schnell strömend als die Angara bey Irkutsk, welches durch den Druck der nahen Mündung des Flusses Judoma hervorgebracht werden soll. Dieser Ort oder vielmehr diese Anlage zu einem Ort ist übrigens völlig vernachlässigt. Im Winter wohnt Niemand hier, daher mir auch kein Mensch sagen konnte, wovon die letzte Feuersbrunst entstanden war. Die Ufer der Maja sind mit Kalkgeschieben besäet. (?) –

---

209   [*Swertia perennis* L. (Gentianaceae).]
210   Morästen.
211   [*Equisetum hyemale* L. (Equisetaceae).]

Dienstags, den 6ten [!] July.
Wir hielten Rasttag um sowohl die Menschen als Pferde sich erholen zu lassen; auch wurde ein Ochse geschlachtet.

33 Mittwoch den 11ten July.
Um 1 Uhr wurde aufgebrochen. Der Weg geht etwa 8 Werst längst dem Ufer der Maja. Man setzt in geringer Entfernung über den Ausfluß zweyer Flüßchen, des großen und des kleinen Ignikan's. Die Mündung des ersteren ist durch Sandbänke verschwemmt, die des letzteren, das eine geringere Breite hat, ist aber tiefer. Hierauf begaben wir uns rechts in das Gebirge, um auf dem kürzesten Weg zu der von hier an 70 Werst entfernten Überfahrt zu kommen. Wir kamen [in eine höhere?] und zuletzt in eine wahre Alpengegend. Mehrere felsichte Stellen waren mit Moos, niedrigen Alpenpflanzen, kleinen Lerchenbäumen, und strauchartigen *Pinus cembra* bewachsen. Ohnerachtet hier keine Futterkräuter wuchsen, so fand ich doch das vorhinangezeigte Equisetum in Überfluß als hinlängliches Pferdefutter, daher die Jakuten in einer Entfernung von 30 Wersten von der vorigen Station hier ihr Nachtlager aufschlugen. Einen besonderen Anblick gewährte ein mit *Lichen tangiferinus nivalis*[212] bedecktes Gebirge. Wir sahen
34 hier Spuren wilder Rennthiere. Allenthalben stand im Moose eine Liliacea, die mit einer früher an der Lena bey der Station Tschirindeiskoi gefundenen (*moraea foliis*) bis auf die nicht gefärbten Antheren und die länger gestielten Blumen die größte Ähnlichkeit hatte. Ist es nicht vielleicht *Anthericum calicalatum*[213] oder *ossifragum*? – *Fumaria paeoniaefolia* war auf dem ganzen Gebirge an feuchten mit Moose bewachsenen Stellen häufig (*caulis vere ramosus, nunc flores postremus exhibens*) – *Mitella nuda*[214] hatte schon Samen *Arbutus alpina*[215], dessen Beeren roth und eßbar sind, bedeckt ganze Berge; sie werden Worenii Jagada[216] genannt und sollen in Menge genossen, alte Geschwüre heylen.

Donnerstag, den 12ten July. Wir konnten heute des anhaltenden Regens wegen nicht von der Stelle kommen, welches um so langweiliger und unan-

---

212　　[*Lichen rangiferinus ?*]
213　　[*Anthericum calyculatum* L., auch bei Pallas *Reise* III,33; Georgi *Bemerkungen Reise* 1.1775, 206.]
214　　[*Mitella nuda* L. (Saxifragaceae).]
215　　[*Arbutus alpina* L. (Ericaceae).]
216　　[Voroń i jagody, *Cornus suecica*, Einbeere, Wolfsbeere.]

genehmer war, weil wir eben kein (Beischrift: nicht das) trokkenste Quartier hatten. Ich hatte auf diesem Zuge
35 Gelegenheit die Gleichgültigkeit meiner Führer, vorzüglich der Tungusen gegen die Witterung zu bemerken, so dass ich nie die geringste Klage dagegen hörte.

Freitag, den 13t July.
Wir stiegen immer höher in das Gebirge. *Pyrola uniflora*[217] war im Schatten nebst einer *Ophrys*[218] ziemlich häufig. Letztere ist vielleicht *Oph. camtschatea* [L.]. An felsichten Abhängen war *Dryas octopetala*[219] häufig. Man versichert, daß die wilden Schaafe diese Pflanze sehr gern fressen. –
   Silene, – Dianthus, – Valeriana rupestris seminifera. Rhododendrum ferrugineum, Azalea lapponica, Polypodium, – Orchis latifolia[220], waren die übrigen beobachteten Pflanzen.
   Nachmittag kamen wir wieder an die Maja, über welche man hier fahren muß. Man hält diese Stelle für den halben Weg nach Nelkan. Die Ufer der Maja sind hier mit hohen Gebirgen umgeben, die größten theils mit Lerchenholz bewachsen sind. Der Fluß ist hier von mäßiger Breite.
36 Die begleitenden Jakuten verfertigten einen Floß aus Lerchenbäumen, die mit starken Weidenruthen zusammengebunden wurden.

Sonnabend den 14ten.
Auf diesem Fahrzeuge setzten wir über den Fluß, nachdem die Pferde zuerst über denselben voraus gejagt wurden und ihn durchschwammen. – Zuerst wurden unsere Sachen auf die andere Seite gebracht, dann folgten wir. – Wir mußten am anderen Ufer wieder länger bleiben, weil es abermahls heftig zu regnen anfieng. –

Sonntag, den 15t. July.
Wir folgten einem Gebirgswege längst dem Flusse Bolschaja Chanduck (die große Chanduk); es ergießen sich in ihn viele Quellen. Er ist seicht und sein Bett besteht aus Kalkgeschieben. Wir befanden uns öfters auf ziemlich hohen Standpunkten, von welchen die Aussicht allenthalben auf Berge gieng, die bis nach oben bewaldet, auf dem Gipfel aber nackt waren. Öfters traffen wir

---

217   [*Pyrola uniflora* L. (Ericaceae).]
218   [*Ophrys* L. (Orchidaceae).]
219   [*Dryas octopetala* L. (Rosaceae).]
220   [*Orchis latifolia* L. (Orchidaceae).]

große verwitterte Felstrümmer. Die ganze Gebirgskette besteht aus festem feinkörnigem Sandstein, Hornfels und Kalklagen, aber keinem Urgebirge. – **37** *Pedicularis Sceptrum* war sehr häufig, *Dracocephalum*, welches *Dracoceph. grandiflorum*[221] zu seyn schien (*planta spithomea – folia Prunellae – flores magnispicatis*) kam häufig vor. *Sambucus racemosa*[222], *Anemone narcissifolium, Saxifraga bronchialis*[223].

Wir passirten über das Flüßchen Maloi Chanduk (der kleine Chanduck) und übernachteten an demselben nach der tüchtigen Tagreise von etwa 50 Wersten. –

Montag den 16ten July.

Wir verfolgten den angeführten Fluß in einem Gebirgsthal, zu beyden Seiten waren hohe Gebirgswiesen, aus welchen einige nackte Koppen hoch hervorragten. – *Gentiana barbata*[224], *Azalea lapponica*[225] waren sehr häufig an trokkenen Stellen. *Pedicularis verticillata*[226]. Die allenthalben in größerer oder geringerer Menge versammelten Pflanzen waren: *Swertia perennis, Betula nana*[227], *Potentilla fruticosa, Rumex, Sanguisorba officinalis, Arbutus alpina, Uva ursi*[228], *Vaccinium uliginosum*[229], *Fumaria paeoniaefolia*[230], *Trollius asiaticus, Polygonum.*

38 An einigen Stellen war noch Eis unter dem Moos. – Ein aus dem Gebirge hervorstehender Berg erregte besonders durch seine ruinenförmige Hervorragung meine Neugierde, ich bestieg ihn. Seine Höhe mochte etwa 150 Faden betragen. Am Fuße desselben wächst ein *Rheum*[231]. Der Berg ist oben und zur Hälfte kahl, besteht aus festem Sandstein mit Kalklagern und horizontal liegenden, vom Gesteine bedeckten Schichten von Kalkspath, Krystallen von milchweißer und von rostfarbiger Farbe. Sie sind in mächtigen Lagern in der ganzen Masse verbreitet und finden sich auch an der Oberfläche auf den von der Luft zerfallenen Steinen. Diese sind schwärzlich und mit Moosen

---

221   [*Dracocephalum grandiflorum* L. (Lamiaceae).]
222   [*Sambucus racemosa* L. (Caprifoliaceae).]
223   [*Saxifraga bronchialis* L. (Saxifragaceae).]
224   [*Gentiana barbata* Froel. (Gentianaceae).]
225   [*Azalea lapponica* L. (Ericaceae).]
226   [*Pedicularis verticillata* L. (Scrophulariaceae).]
227   [*Betula nana* L. (Betulaceae).]
228   [*Arctostaphylos uva-ursi* (L.) Spreng. (Ericaceae).]
229   [*Vaccinium uliginosum* L. (Ericaceae).]
230   [*Fumaria paeoniifolia* Stephan ex Willd. (Papaveraceae).]
231   [*Rheum* L. (Polygonaceae).]

überzogen. Vom Gipfel entdeckt man Gebirge ähnlicher Art. Am Berge finden sich *Lycopodium sanguinolentum*[232] sehr häufig verblüht mit gebildeten Spicis, eine *Lychnis*, noch zwey filices, ein einziges Exemplar von einer schon auf dem Gebirge an der Lena noch nicht blühend gefundenen
39 *Campanula (caule simplicissimo, flore unico – foliis linearibus bispidis), Valeriana rupestris*[233]*, Silene, Cerastium alpinum*[234]*, Dryas octopetala*[235].
Es ist wirklich auffallend, daß sich die Stämme der hier häufig vorkommenden *Pinus cembra*[236] gleich über der Erde biegen und gleichsam truncos adscendentes bilden; daher man nirgendwo einen geraden Stamm antrifft.
Unser Wegweiser irrte zu verschiedenen Malen und wir konnten daher nur einen Weg von 17 Werst zurücklegen.

Dienstag den 17ten July.
Heute wurde ein Weg von 40 Werst zurückgelegt. Wir kamen über ein hohes und am Abhange steiles Gebirge. Es fanden sich zerstreut Geschiebe von Speckstein (?). Das vorhin bemerkte Rheum war häufig. Wir fanden hier an vielen Bäumen Einschnitte als Bezeichnungen des Weges, die dieses Frühjahr von einem Nach Nelkan gehenden Ingenieuroffizier gemacht waren. Diese Zeichen leiteten uns als Führer auf unserem Pfade. – Rennthiere sollen
40 in dieser Gegend in großer Anzahl sich befinden. Wir sahen mehrere abgeworfene Geweihe. Die Tungusen sollen die im Sommer weichen Hörner der jungen Rennthiere kochen und als Gelee essen. –

Ohnweit der Stelle, wo wir unsere Zelte aufschlugen bemerkte ich eine hellglänzende Fläche, welche jedoch kein Wasser zu seyn schien. Mein Begleiter versicherte mich, es wäre Eis was ich aber nicht glauben wollte, allein ich überzeugte mich selbst davon, als ich näher kam. Diese Eisfläche war noch so unzerstört, daß die Pferde darüber gehen konnten, sie bedeckte einen Platz von einer Viertel Werst Länge, das Eis selbst war noch 1 1/2 Fuß dick, es befand sich auf einer freyen Stelle wo die Sonnenstrahlen überall frey hingelangen konnten. Wahrscheinlich hieng die längere Dauer dieses Eises ebensowohl von der Höhe ab, auf der wir uns befanden, als auch von der Eigenschaft des Bodens, auf welchem es ruhte. Es thaut dieses Eisfeld wahrscheinlich den ganzen Sommer über nie auf, es unterschied sich

---

232   [*Lycopodium sanguinolentum* L. (Lycopodiaceae).]
233   [*Valeriana rupestris* Pall. (Valerianaceae).]
234   [*Cerastium alpinum* L. (Caryophyllaceae).]
235   [*Dryas octopetala* L. (Rosaceae).]
236   [*Pinus cembra* L. (Pinaceae).]

41 schon in einiger Entfernung von einem Landsee, wofür ich es anfangs gehalten hatte. Es kontrastirte übrigens auffallend durch seine blendende schimmernde Weiße mit dem schönen Grün der Umgebung. – Wir kamen heute über das Flüßchen Broja.

Mittwoch den 18ten July.

In demselben Höhenthale geriethen wir auf ein ähnliches Eisfeld, welches aber nicht so groß war. – Wir erreichten nun ein[en] neuen Gebirgsrücken und ritten durch den nicht unbeträchtlichen Fluß Igli, ferner durch den großen und kleinen Dschukotlak. Von noch nicht bemerkten Pflanzen fand ich nur *Saxifraga hirculus*[237] und *Orchis conopsea alba*[238]. Für Botaniker hat dieser sogenannte Mayskische Weg wenig Interessantes. Ich habe von Jakutzk bis hieher nur eine geringe Ausbeute gehabt, und ich vermuthe, daß ich auf dem gewöhnlichen Weg nach Ochotzk wegen den vielen und hohen Gebirgen, und ihrer größeren mineralogischen Verschiedenheit

42 mehr gefunden haben würde. Auf diesem Wege trifft man beynahe nur Wald, Moräste und bewaldete Gebirgsrücken welche aber nicht die ergiebigsten Standorte für Pflanzen sind. Eben so wenig passirt man breite mit hohen felsichten Ufern versehene Flüsse, die ebenfalls dem Botaniker erwünscht sind. Von Insekten habe ich bis jetzt Nichts Neues gefunden, und im Ganzen giebt es in diesen öden und mit keinen kräuterreichen Wiesen versehenen Gegenden wenig Insekten. – Von Schmetterlingen habe ich nur *Papil. Brachica,* *– Sinapsi, – Cardamices, – Hyale, – Polychloros, – Urtica, – Aethiops Scarus* bemerkt. Sie sind so wenig furchtsam, daß sie sich nicht selten auf uns setzten und sich mit bloßer Hand fangen ließen. –

Von Vögeln zeigen sich ebenfalls keine besonderen Arten, – *Larus* – Kedrovka[239], – Kuliken[240] – Enten, – Störche, - verschiedene kleine Arten von Singvögel[n].

43 Donnerstag den 19ten July.

Wir sind hier etwa nur 300 Werst in gerader Richtung vom Meere entfernt und fühlen schon den Einfluß desselben auf die Atmosphäre. Wir hatten größtentheils trüben Himmel, feuchte Luft oft Regen. In diesem Monat sollen die Fische aus dem Meere in die kleineren Flüsse hinaufsteigen. – In einem

---

237 [*Saxifraga hirculus* L. (Saxifragaceae).]
238 [*Orchis conopsea* L. (Orchidaceae).]
239 [*kedrovka* – Nußhäher.]
240 [*kulik* – Schnepfe.]

Sumpfe fand ich *Eriophorum alpinum*[241] häufig, es hatte schon Samen. Wir kamen über ein hohes Gebirge, das auf seinem Gipfel mit *Pinus cembra* bewachsen war. Auch war der Boden mit *Lichen rangiferinum* bewachsen, in welchem wir breite Spuren von Rennthieren antraffen. Wir nächtigten nahe an dem nicht unbeträchtlichen Fluß Leki. Hier holten uns unsre Tungusen wieder ein, welche zurückgeblieben waren um ein nachgebliebenes Pferd aufzusuchen, sie kamen
44 auf viel kürzeren Fußpfaden zu uns. Es ist überhaupt auffallend welchen Sinn diese Menschen für das Auffinden von Fußsteigen haben, die vielleicht erst einigemal von Menschentritten betreten wurden. –
Zwey lebendige junge wilde Gänse wurden mit den Händen ergriffen.

Freytag, den 20ten July.
Einige Werste von unserem Nachtlager trafen wir das Gerüste einer tungusischen Jurte an: wahrscheinlich sind vor kurzer Zeit Tungusen des Fischens wegen hier gewesen und haben sichs wohl seyn lassen. Wir fanden den Kopf eines Bären aufgehängt nebst einem birkenen Behältnisse. Die Knochen des Unthiers enthaltend. Beweise einer trefflichen Mahlzeit. Vom
45 Bärenkopf hatten sie weiter Nichts übrig gelassen, als den ganzen knöchernen Theil desselben noch mit der Haut bedeckt. Dieser Schädel war auf eine sonderbare Weise am hinteren oberen Theile mit Baumästen verziert und in der Nähe der verlassenen Jurte an einem Baume befestigt. Die Tungusen verbinden mit diesem Aufbewahren des Kopfes, welches sie bey solcher Gelegenheit nie unterlassen, einen abergläubischen Begriff. Sie widmen diese Reste gleichsam den Manen des erlegten Thieres und glauben, daß das Jagdglück hauptsächlich von der strengen Beobachtung dieser Gewohnheit abhänge. Die Jakuten befolgen ein[en] ähnlichen Gebrauch, eben so die Mongolen, welche die Schulterblätter der gegessenen Schaafe aufhängen und sie den unsichtbaren Gottheiten weihen. –
Wir verfolgten einen Fluß und legten heute 30 Werst zurück.

Sonnabend den 21ten. Heute wurden an 50 Werste gemacht und zwar bey heiterem freundlichen Wetter. Eine schon um den Baikal gefundene *Pedicularis*, aber schon verblüht,
46 wuchs an feuchten Örtern. (*caule simplicissimo, foliis linearibus crenatis hirtis*).

---

241   [*Eriophorum alpinum* L. (Cyperaceae).]

Sonntags den 22ten. Wir waren von Nelkan nur noch 30 Werst entfernt weshalb ich dahin voraus ritt und das Fuhrwerk mit unserem Gepäcke zurückließ. Wir kamen Nachmittags zum letztenmal an das Ufer der Maja. –

Der Weg führte auf dem halben Weg über das Nelkangebirge, auf welchem der Fluß Nelkan oder Tschuja entspringt. *Rubus Chamaemorus*[242] aber ohne Früchte kam häufig vor, desgleichen *Convallaria trifolia baccifera*[243]. Das linke Ufer der Tschuja besteht aus hohen Kalkflötzen. Wir kamen durch eine große Strekke Wald, welche erst dieses Frühjahr gebrannt hatte. Das Feuer entstand durch die Unvorsichtigkeit oder vielmehr die Bosheit der Leute welche Theer brannten und absichtlich die Theerhütte anstekten, wodurch das Feuer sich verbreitete. Kaum konnte es durch die herbeygeeilten Bewohner von Nelkan abgehalten werden.

Die Urotschiza[244] Nelkan liegt am rechten Ufer der Maja und am Ausflusse des Flüßchens Tschuja oder Nelkan in die Maja, die hier eine Breite von 100 Klafter hat.

47 Die Tungusen haben von dem Orte Nelkan[245] einen großen Begriff, den sie eine Stadt nennen. Wir werden aber gleich sehen, wie wenig hiezu gehört. Es befinden sich hier nur drey größere Jakutische Jurten, 3 Häuser oder kleine Kasernen, 1 Badstube, 2 Scheunen 2 Magazine zum Kronsproviant, 1 kleine Kirche, die aber jetzt zum Wohnhaus umgeschaffen ist, weil kein Gottesdienst mehr hier gehalten wird. Im Winter wohnen hier nur vier bis acht Kosakken, und einige Arbeiter zur Bewahrung des Kronsproviants.

Die Arbeiter, welche zum Aldan'schen Weg bestimmt sind, bestehen aus Verwiesenen und kommen hier gewöhnlich mit Transportschiffen an, welche Proviant von Ust-Mayskaja Pristan hieher führen, und obgleich sie schon im May abgehen der beschwerlichen Schiffahrt auf der Maja wegen nicht früher als im August hier ankommen. Dieses Jahr kamen jedoch diese Arbeiter 52 an der Zahl, schon im May an, weil sie im Winter von Ust-Maysk abgiengen und den langen Weg größtentheils auf Schneeschuhen zurücklegten. Sie hatten einen sehr beschwerlichen Weg, weil jeder noch 4 Pud Proviant für den Weg auf kleinen Schlitten mit sich führte. Bis zum 15ten September werden die Arbeiten gewöhnlich fortgesetzt, dann schiffen sich die Leute ein

---

242   [*Rubus chamaemorus* L. (Rosaceae).]
243   [*Convallaria trifolia* L. (Convallariaceae).]
244   [russ.: урочище – „Urotschiza bedeutet in dieser Gegend einen Ort, an welchem sich die nomadischen Völker zu bestimmten Zeiten des Tauschhandels wegen versammeln."]
245   [Нелькан, am Zusammenfluß von Чуя und Мая; nach der russischen Wikipedia 1818 gegründet.]

48 und kommen schon in 5 bis 6 Tagen mit dem Laufe des Stromes abwärts in Ust-Mayskaja Pristan wieder an. –

Die Umgegend der Nelkan'schen Anfuhrt[246] ist angenehm, weil aber das Ufer der Maya hier niedrig ist, so ist im Frühjahr der Ort jährlichen Überschwemmungen ausgesetzt. –

Die Schiffahrt auf der Maya ist wirklich mit vielen Unbequemlichkeiten verbunden, besonders wird sie durch die steinichten Ufer und durch den wenigen Raum, der für die Leute, welche den Strom aufwärts an Seilen das Schiff ziehen, übrig bleibt, sehr erschwert. Auch wird das Ufer an vielen Stellen jährlich durch den Fluß ausgeschwemmt und immer beschwerlicher. – Da größtentheils eben dieselben Leute das Schiff ohne abzuwechseln ziehen müssen, so werden diese sehr ermüdet. – Wenn die Schiffahrt auf der Maya gut und dauerhaft bestehen soll, so ist es durchaus nöthig, daß Stationen längst dem Flusse, so wie an der Lena angelegt werden. Die Ursache warum der Aldansche Weg, welchen die Regierung schon seit einigen Jahren anlegen läßt, so wenig und langsam Fortschritt macht, liegt vorzüglich in dem Mangel der Arbeiter und in der Untüchtigkeit derselben.

49 Der Aufseher muß mit diesen Leuten vorsichtig und behutsam und mit zu großer Schonung umgehen, weil sie bey scharfer Behandlung nicht selten frech und grob sind und sogar drohen davon zu gehen; einzelne wohl auch manchmal entlaufen. Wenn man freye Leute miethen würde, so könnte der Weg allerdings in kürzerer Zeit zu Stande kommen. Sorglich [?] müßten diese Leute allerdings besser bezahlt werden, aber was man Kosten verliren würde, gewänne man an der Zeit, in welcher das Werk zu Stande käme. – Es sind im Allgemeinen immer zu wenig Arbeiter angestellt, die Zahl derselben müßte wenigstens 300 betragen und sie müßten an den nöthigen Materialien und Werkzeugen nicht den geringsten Mangel leyden. – Wenn endlich der Weg auch baldigst beendet seyn wird, so müßten erst die jakutischen Pferde zum Anspannen und Telegen-Fahren gewöhnt werden. Ein jakutisches Pferd kann bequem 5 Pud tragen, aber kaum die Hälfte ziehen. Wäre es daher nicht vortheilhafter seyn Ochsen statt Pferde zum Transport zu gebrauchen? –

50 Montags und Dienstags, den 23t und 24ten July wurde im Pristan Nelkan geblieben, theils weil unsere alten Pferde zur weiteren Reise zu müde untauglich waren, theils weil wir Rennthiere erwarteten, welche noch nicht angekommen waren. Den 14ten Abends kamen nur 13 hier an, von denen eines sogleich von den Tungusen geopfert wurde. – Ich machte eine Probe

---

246   [Grimms Wörterbuch schreibt Anfurt].

auf Rennthieren zu reiten, welches ich aber sehr unbequem fand, und daher
nicht die besten Aussichten für eine fernere Reise hatte. –

Mittwoch, den 25ten July.
Wir brauchten 8 Rennthiere für das Gepäck und 4 für die Führer. Einige von
den jakutischen Pferden, wozu man die besten aussuchte, mußten noch weiter
mitgenommen werden, weil die Anzahl der Rennthiere nicht hinlänglich war.
– Die müdesten Pferde ließ man zurück. Wir behielten dennoch 20 Pferde,
theils für uns theils für die Führer. – Ein Kosack war auf den Ochotzkischen
Weg vorausgeschickt um Rennthiere zum Abwechseln dort herbeyzutreiben
und bereit zu halten, so, daß kein Aufenthalt in dieser Hinsicht zu befürchten
sey. –
51 Nachdem alle diese Anstalten getroffen waren, so wurde unsere Abreise
auf den Nachmittag bestimmt. Der Lieferant vom Commando des Capitains
Lukin Matwei, Gavrilitsch Tschestoff, ein thätiger junger Mann wollte uns
bis zum Aldanschen Hafen begleiten. – Unsere Karawane machte sich um 2
Uhr auf den berühmten Aldan'schen Weg. Er nimmt seinen Anfang am linken
Ufer der Maya, ist anfangs eben, sandicht, wird aber [bald?] sehr bergicht,
wie gleich [berichtet?] werden wird.

Wir machte heute eine Tagereise von 35 gemessenen Wersten, bis zur
Stelle nämlich, wo jetzt die Arbeiter am Wege wohnen. – Es wurden folgende
Pflanzen längst dem Wege gefunden *Stachys sylvatica*[247], *Cacalia hastata,
Sonchus sibiricus, Spiraea sorbifolia, Senecio Saracenicus.* Ein Tetradynamist vielleicht ein *Myagrum*[248], – *Galium aparine,* die *Lychnis petalis fimbri-
atis* vielleicht *Lychnis sibirica, Rubus arcticum*[249], *Vaccinia.* Der Wald besteht aus Lerchen und nur wenigen weißen Birken. –
52 Die Bäume stehen dünn. Nach 4 Werst fängt das Gebirge an. Man zählt
bis zur 34sten Werst nicht weniger als 5 große Berge, von welchen 2 besonders ansehnlich sind. Auf dieser ganzen Entfernung trifft man Spuren von
großen Waldbränden an, die sich manchmal bis auf mehrere Werste erstreck-
ten, sie entstehen gewöhnlich durch Nachlässigkeit der Arbeiter. – Auf dem
Wege finden sich einige größere Felsenblökke, welche nicht aus dem Weg
geräumt werden konnten und deßhalb mit Pulver gesprengt wurden. Der Boden besteht aus fettem gelbem zum Ziegelbrennen tüchtigem Leime, welcher
an den meisten Stellen einen Schuh hoch den steinichten Boden bedeckt. Auf

---

247   [*Stachys sylvatica* L. (Lamiaceae).]
248   [*Myagrum* L. (Brassicaceae).]
249   [*Rubus arcticus* L. (Rosaceae).]

den Gebirgen fand ich *Lycopodium anatinum complanatum*, Rhododendrum dauricum. Die Berge ziehen sich von Norden in sanft steigender Erhöhung gegen den Gipfel. Der südöstliche Abfall gegen das Meer ist aber steil. – Auf einer morastigen Stelle kam *Gentiana triflora* häufig vor.

53 Auf den Gebirgen *Fumaria paeonifolia, Fumaria floribus luteis sparsis, Anthericum calyculatum, Chelidonium majus, Artemisia, Arbutus alpina.* Es wurde sonst keine Veränderung der Flor[a] beobachtet.

Von den 5 Bergen auf diesem Wege, welche die Telegenfahrt erstaunend erschweren und fast unmöglich machen müssen, sind der 2te und 5te vom Pristan Nelkan an gerechnet die höchsten und besonders östlich sehr steil. Die Höhe kann in perpendikulärer Richtung 70 bis 80 Faden betragen. – Der Plan zu diesem Wege wurde von dem Viceadmiral Famine [Fomin?] entworfen, und es wird jetzt ganz nach seiner Anweisung gehandelt mit Ausnahme einiger sehr steiler Stellen und der Moräste. Es sind in Allem 35 Werst des Weges bis jetzt fertig. Die Brükken sind sehr solid gebaut, so wie die Reinigung des Weges selbst sehr gut ist. Verwiesene und Kosaken beschäftigen sich damit. Auch ist eine Schmiede dabey um die nöthigen Werkzeuge zu machen oder zu repariren.

Donnerstag den 26ten July.
Bey regnichtem Wetter wurden heute 22 Werst zurückgelegt. – Nach der ersten Werst kam man über das Flüßchen Talaja. Hierauf folgt ein tiefer Sumpf, dann eine Strekke Kalkflötzgeschiebe, zwischen welchem eine fast verblühte *Arenaria foliis fasciculatis* und ein verblühtes *Allium* häufig wuchsen. Nach diesem steinichten Platze kam man über eine anderes kleines Flüßchen welches die Tungusen Dschukatla benennen, und das sich ebenfalls auf keiner meiner Karten und Pläne befand.

54 Hierauf folgte eine morastige, mit Moos bewachsene Strekke, in derselben *Thalictrum alpinum? – seminiferum; Swertia rotata*[250] auch nicht mehr blühend; *Swertia perennis* überall; *Cineraria palustris.* Auf der 5ten Werst ritten wir über einen Gebirgsrükken, von mäßiger Höhe, der sich auf 6 Werst erstrekte. – Auf der 10ten Werst kamen wir wieder über das Flüßchen Dschukatla, dann über ein anderes Adalakan. Alle diese Flüsse fallen in die Maja. Hierauf folgt das höchste Gebirge der ganzen Strekke, die sogenannte Majalskische Berg (Majalskaja Chrebet). Er ist in perpendikulärer Richtung an 150 Klafter hoch. Des sehr steilen beynahe perpendikulären Abhangs wegen begriff ich nicht, wie man ihn wird für Telegen fahrbar machen können, weil

---

250   [*Swertia rotata* L. (Gentianaceae).]

man nicht einmal herunter reiten kann, sondern die Pferde führen muß. Hier begegneten uns zwey Tungusen mit 12 Rennthieren, welche für unsere Expedition bestimmt waren. – Ich fand ein männliches Exemplar von *Spiraea aruncus*[251]. – Ohngeachtet der üblen Witterung machten wir uns auf den Weg. Zuerst zeigte sich ein langer und tiefer Morast, durch welchen die mit unserem Gepäck beladenen Lastthiere nur mit Mühe gebracht werden konnten. Wir brauchten über 3 Stunden zu denselben zu passiren. –

55 Folgende Pflanzen wurden gesammelt. *Triglochin*[252] *[?] maritimum et palustre, Carices*, wovon eine dem Anschein nach *Arenaria, (pedunculis valde elongatis, seminifera), Primula farinosa*[253], verblüht, *Betula nana, Eriophorum alpinum*. Wir kamen über drey Ausflüsse der Majala, deren Ursprung sich in dem angezeigten Morast befindet, dann aber über einen Berg von mäßiger Höhe. Hier zeigt sich *Lycopodium alpinum* häufig und mehrere Lichen. Hier abermahls die Verwüstung eines Waldbrands, die sich an 15 Werst weit erstrekte. Das Feuer soll durch Tungusen verursacht worden seyn, die sich hier der Jagd wegen aufhalten. Rennthiere in wildem Zustand soll es hier besonders viele geben.

An einem der Ausflüsse der Majala, Namens Argarki war sonst ein häufig besuchter Versammlungsort der Tungusen. Hier wohnte ehemahls einer ihrer begütersten [!] Fürsten Namens Garamsin. Er soll über 3000 Rennthiere besitzen, seinen übrigen Reichthum nicht gerechnet. Jetzt wohnt dieser Fürst an der Quelle der Watka und hält sich mit den übrigen Tungusen im Sommer am Meer der Fischerey wegen auf, so wie auch um die Rennthiere von der Plage des *Oestrus Tarandus*[254] zu befreyen. Er zieht auch jährlich mit Zobelbälgen wohl versehen noch bis jenseits Udskoi-Ostrog nach der

56 chinesischen Gränze, welches auch viele andere Tungusen thun. Auf diese Weise geht ein großer Theil des besten Pelzwerkes hiesiger und der Udskoinschen Gegend nach China. Noch versammeln sich zuweilen an der Argarki Jakuten und Tungusen mit einigen Russen des Tauschhandels wegen, bey welchem sie Pelzwerk wohlfeil gegen Kleinigkeiten austauschen. Jene Nomaden, welche dieses bringen, vertauschen dasselbe gewöhnlich gegen Branntwein, welchen sie außerordentlich lieben und kehren dann gewöhnlich leer zurück. –

---

251   [*Spiraea aruncus* L. (Rosaceae).]
252   [*Triglochin maritima* L. (Juncaginaceae).]
253   [*Primula farinosa* L. (Primulaceae).]
254   [*Oestrus tarandi*, Rentierbremse.]

Wir kamen weiter über den Fluß Natobtschi, welcher vom Regen angeschwollen war und kaum durchgewattet werden konnte. Ohnfern seines linken Ufers fand sich Kalkgeschiebe mit stratifizirten Steinkohlen, welche mit Quarzadern durchzogen waren. – Am gegenüberliegenden Ufer fand ich das am Baikal gefundene *Epilobium (foliis glaucis, flos speciosum)* sehr häufig am Rande des Flusses selbst.

In der Ferne sieht man hier Vorgebirge oder Zweige des Apfelgebürges (Jablonoi Chrebet). Auf einem Berge am nördlichen Abhange lag noch **57** Schnee. Die übrigen zeigten sich als nakte Felsenkoppen. – Wir konnten heute nur 20 Werst machen. Auf dieser Distanz waren keine beträchtlichen Berge, desto mehr Sümpfe und Vertiefungen, welche Brükken von ziemlicher Länge erfordern. –

Sonnabend, den 28ten.
Ein tiefer Sumpf von 5. Werst, wir brachten beynahe 4 Stunden zu um über denselben zu kommen. Auch hier fanden wir einen Wald durch Brand zerstört.

Lonicera coerulea ist häufig. Die blauen Beeren sind wohlschmekkend. Auf ebenen Grasflächen war ein *Aconitum* häufig, das mir fremd war. *(planta altitudine duarum pedum cum midio – erecta – folia congenerum – laciniae lineares partites).*

Auf der 14. Werst kamen wir an den beträchtlichen Fluß Tschelachin, welcher uns nicht wenig Aufenthalt und Beschwerden verursachte. Von hier sieht man abermals einen Theil der Gebirgskette des Jablonoi Chrebet. Der Fluß war vom Regen beträchtlich angeschwollen und es war unmöglich ihn jetzt zu passiren. Wir mußten uns daher entschließen, am Ufer zu nächtigen in Erwartung, daß das Ufer fallen und uns den anderen Morgen der Übergang erlaubt seyn würde. Das Wasser fiel auch wirklich bis den andren Morgen bis auf einen Fuß Tiefe. –

den 29ten July.
Indessen ohnerachtet war das Durchwaten schwer und sogar gefährlich, wir mußten einen großen Umweg **58** machen um die Hauptströmung des Flusses, die reißend war, zu vermeiden. Die Rennthiere wurden abgeladen und ihre Last auf Pferden hinüber gebracht, welche sich von den reißendsten Stellen der Flüsse nicht scheuen. Bey dem Übersetzen der Rennthiere beobachten die Tungusen folgendes Muster. das stärkste und geübteste Rennthier schwimmt voran an einem langen Riemen über den Fluß, der gewöhnlich aus Seehundsfell verfertiget ist und weder Nässe noch Kälte leidet, die übrigen folgen diesem. Die Rennthiere schwim-

men sehr leicht und gehen über Sümpfe und Moräste ohne einzusinken. –
Hier sah man Granitgeschiebe am Flußufer, Quarzstükke mit Eisenokker,
Feuersteine. Der Weg geht längst dem Flusse Mukota, der bis an das Gebirge
führt. Schon an dem Fuß desselben fanden wir einige ungeschmolzene Stükke
Eis, übrigens guten Weg und Wiesenwuchs. Hier fanden sich auch noch einige verlassene und verfallene Gebäude und eine Badstube. Von Nelkan bis
hieher, wo von dieser Seite der Jablonoi Chrebet beginnt zählt man 120 Werst.
Die Wälder sind nun nicht mehr wie früher durchgehauen sondern man reiset
nun blos auf schmalen Wegen, die von den Tungusen gemacht sind. – Von
hier bis zur höchsten Stelle dieses Zweiges des Apfelgebirges zählt man 10
Werste. Schon am ersten Abhang desselben fand ich *Rhododendrum chrysanthum*[255], *Rheum, – Thalictrum petaloideum*[256], *Spiraea aruncus, Trollius
asiaticus*. Die dem Jablonoi Chrebet eigene Flora ist völlig alpenartig und
besitzt wahrscheinlich die den Alpen im Allgemeinen und den sibirischen
Gebirgen in's Besondere alpinen Pflanzen. – Um dies näher zu bestimmen,
59 müßte allerdings diese neu gefundene Gebirgskette genauer untersucht
werden, als es bisher geschehen ist. Bey den Schwierigkeiten, welche sich
aber einer solchen Reise durch dieses größtentheils noch ganz unzugängliche
Gebirge entgegensetzen, dürften noch Jahrhunderte vergehen, bis es in natur-
historischer Hinsicht genauer bekannt seyn wird. Auf den ersten Anblick sieht
man jedoch schon, daß es hier nicht an den mannigfaltigen Abwechslungen
und den verschiedenartigen Reichthume fehlt, welcher der Alpenflora eigen
ist. Das Klima ist hier sehr rauh und abwechselnd. Unter dem Moose fand
sich noch überall Eis. Es ist wahrlich wunderbar, wie Pflanzen, deren Wurzeln im Eise stehen, blühen und Saamen tragen können. Wie z.B. das *Rhododendrum Chrysanthem*. Ich versuchte einen blühenden Strauch zu entwur-
zeln, allein ich konnte nicht zum Zwecke kommen, weil die Zweige über dem
Eise abbrachen. Der Frühling beginnt hier erst beynahe mit dem July, weil
bis zum 1ten Juny noch Ellen tiefer Schnee den größten Theil des Gebirges
bedeckt. Die Jahreszeiten sind hier gleichsam in einander verwebt und der
sogenannte Sommer von der Dauer einer ephemerischen vorübereilenden Erscheinung. Denn schon in der Mitte Augusts ist das Gebirge wieder mit
Schnee überzogen, der dann schon in den Thälern klafterhoch liegt. An der
Nordseite und allenthalben in den Klüften, wo die Sonne nicht hindringen
kann liegt jeden Tag des Jahres Eis und Schnee. Das Gebirge ist gleichsam
beständig in feuchten Nebel eingehüllt, und auf den Koppen ruhen beynahe

---

255   [*Rhododendrum chrysanthum* Pall. (Ericaceae).]
256   [*Thalictrum petaloideum* L. (Ranunculaceae).]

immerdar [?] Wolken. Es war auch jetzt auf den Höhen sehr empfindlich kalt. Ein schöner heyterer Tag ist hier eine wahre Seltenheit. –
60 Die strauchende Birke und die Alpenweiden schlugen jetzt erst aus, einige Veilchen blühten. Frühlings-*Carices* entwickelten sich. Schon am Fuße beginnt die Alpenflora mit dem *Rhodod. Chrysanth.* Je höher man kömmt, desto reichhaltiger wird sie. Die letzten Bäume bestehen aus *Pinus cembra pumila.* Die Koppen sind nackte Spitzen und gerade hier wachsen die seltensten Kräuter z.B. *Rhododendrum Camtchaticum, hirsutum, Diapensia Lapponica*[257], – *Saxifraga* etc. Nicht lange genossen wir jedoch Floras Reichthum, da man hier blos über einen weitauslaufenden Ast des Gebürges kömmt. Nur an den Gebirgsbächen finden sich noch jenseits der Höhen einige Alpenpflanzen, und schon 8 Werst weiter hört die Alpenflora auf und es folgen die gewöhnlichen Waldpflanzen. – Obschon ich das Jablonoi Chrebet nur gleichsam im Fluge berührte und nur einen einzigen Nachmittag bereiste, so habe ich dessen ohnerachtet mehr gefunden, als auf der ganzen Reise von Jakutzk hieher. Die wahre Zeit zum botanisiren scheinen hier allerdings blos die Monathe July und August zu seyn. – Ich machte einen Weg von wenigstens 10 Wersten zu Fuß und kam spät mit zerrissenen Stiefeln in das Nachtlager. Folgendes waren die vorzüglichsten Produkte meines Fundes. –
61 Planta in montibus Jablonoi Chrebet obvia
Decandria digymia, – planta 3–4 pollicaris, facie Gentianae dichotomae, caule dichotomo mirto, radice perenni, flos arenariae. Stamina decem; pistilla duo corolla quinquepetala emarginata, calyx monophyllus, quinque fidus hirtus, capsula unolocularis, folia opposita lanceolata acuta.

Rhododendrum camstaticum[258], *folia non sunt petiolata nec acuta, nec nuda, petula non sunt acuta. In summo jugo montium invicem cum Rhododendro hirsuto. –*

Hexandria monogymia, planta corolla fructura valde singularis, calyx diphyllus, corolla facie Fumaria spectabilis, quatuor petala, basi ventricosa, petala duo exteriore revoluta, petala duo interiore ambicint genitalia, – Stamina sex – filamenta membranacea, quibus antheae minimae affixae, antissime [??] Stigma amplectantia – Pistillum more Hyperici [?] – capsula unolocularis – Scapi subbiflore – folia multipartita glaucas umbelliferarum – in cacumine Jablonoi Chrebet. – (an non fumaria peregrina Rudolphi. Vid. Act. acad. im. Petropolit.) –

---

257   [*Diapensia lapponica* L. (Diapensiaceae).]
258   [*Rhododendron camtschaticum* Pall. (Ericaceae).]

Diapensia lapponica, – Saxifraga (scapis unifloris – foliis radicalibus ciliatis) Saxifraga (foliis cuneatis dentatis) Saxifraga (foliis subrotundis dentatis), Potentilla (folia trifida pedunculi solitarii e minibus hujus generis – Summo jugo
62 *Pentauria nonogynia – (Calix diphyllus, flos oxalis – planta nova (?) fortasse Claytonia?) – Bupleurum, Gentiana (corollus quinquefidis) Sedum, Uvularia amplexifolia, Artemisia (foliis trifidis) Artemisia (foliis carnosis, capitulis magnis) Polytrichum Ingermanni, Andromeda quatrigona, Andromeda lycopodioides, Andromeda coerulea, Salicum Sp. – Rubus Chamaemorus, – Polypodium fragrum, – musci, – Lichenes.*

Montag, den 30ten July.
Heute wurde nur die Entfernung von 14 Werst zurückgelegt. An den Seiten der Gebirge *Salix berberifolia*[259], *– Ribes fragrans? – Saxifraga*, ein *Rumex* vom Baikal. *Pinguicula Scapo*[260] *(foliorum vaginae villosis) an Pinguicula villosa? –*

Dienstag, den 31ten July.
Der Weg führte längst dem Flusse Tandschi, welchen man oft passiren mußte. Die Ufer sind sehr steinicht. Wir kamen über zwey Berge,
Campanula (caule simplici, plerumque unifloro, nonnulli 4–5 flori – flos nutam patem, folia potentissima lanceolata, dentibus remoti instructa, alterna, – in Subalpinis, Sedum floribus purpureis).
Der Weg ist sehr beschwerlich. –

63 August
Mittwoch, den 1ten Aug.
Der Weg führt über den Termalischen Berg, so benannt von dem Flusse gleichen Namens, der hier entspringt. Der Bergrücken ist beträchtlich hoch, welches schon aus der Vegetation zu schließen ist. *Rhododendrum Chrysanthum* und *ferrugineum, Uvularia, Diapensia lapponica, Pedicularis* (wie auf dem Jablonoi Chrebet) *an lapponica? – Carex juncus*[261] befinden sich auf dem Gipfel des Gebirgs. Der Weg ist sehr steil. Die auf dem Jablonoi Chrebet gefundene *Fumaria peregrina?* und *Andromeda lycopodioides* kamen ebenfalls vor. – Eine Werst von hier kömmt man über einen zweyten Bergrükken,

---

259   [*Salix berberifolia* Pall. (Salicaceae).]
260   [*Pinguicula* L. (Lentibulariaceae).]
261   [*Juncus* L. (Juncaceae).]

der gar nicht so hoch aber weit steiler ist, so daß man im Herauffahren mehr-
mal ausruhen muß. Diese Berge machen es glatterdings unmöglich, ein[en]
Weg für Telegen auszuführen, wenigstens begriff ich es nicht, wie dies mög-
lich seyn wird. Auf dem Gebirge war *Rubus Chamaemorus* sehr häufig. Die
Früchte waren noch nicht reif, *Aconitum volubile*[262], *Melantheum sibiricum*,
Spiraea aruncus.

64 Auf die 18 Werst komt man an den Aldam, der hier beträchtlich breit aber
nicht tief ist. Der Weg führt nun über sandichte Strekken und zum Theil längst
dem steinichten Ufer des Aldams selbst, auf welchem die auf dem Jablonoi
Chrebet gefundene Pflanze *Dracocephal. grandiflorum* häufig wuchs. Weiter ging es über nicht sehr hohe Berge und durch Sümpfe. Ich fand *Cornus
Suecia?*[263], *Pedicularis resupinata*[264]. Nicht weit vom Ufer der Aldamschen
Mündung zeigen sich schon Meerpflanzen. *Arenaria peploides*[265], und besonders *Polytrichum* und dann wieder eine andere sehr ausgezeichnete *Arenaria
(foliis membranaceis ovatis pungentibus – folia Silenes chloraefoliae).* Nach-
mittag erreichten wir den Aldanschen Hafen, welcher wie bekannt durch eine
Erdzunge gebildet wird. Dieser Ort, so wie die Gegend umher ist sehr mah-
lerisch. Die Wohnungen der Tungusen selbst befinden sich auf einer weiten
Ebene nicht weit von der Mündung des Aldans. Von dieser sieht man nach
Osten den Hafen und die ihn bezwingende bergichte Erdzunge. – Von beyden
Seiten

65 erheben sich bewaldete Berge mit hervorragenden nakten Koppen. Die
Westseite wird von Reihen hoher Berge eingeschlossen die gleichsam amphi-
theatralisch aufsteigen und dem weitesten Berge des Gebirge des Jablonoi
Chrebet selbst ausmachen, welches man bey heytern Himmel in blauer Ferne
gewahr wird.

Donnerstag, d. 2ten August.
Meine Neugierde spornt mich an, eine Excursion um den Aldamschen Hafen
vorzunehmen. Folgende Pflanzen fanden sich am Ufer und in ebenen Flächen.
Die gestern angezeigte *Arenaria, Swertia corniculata*[266] *(in omnibus partibus
minor) Serratula, Arenaria peploides, Iris Sibirica, Primula integrifolia? –
Aliquot Gramina, Sedum (flore purpureo).*

---

262   [*Aconitum volubile* Koelle (Ranunculaceae).]
263   [*Cornus suecia* L. (Cornaceae).]
264   [*Pedicularis resupinata* L. (Scrophulariaceae).]
265   [*Arenaria peploides* L. (Caryophyllaceae).]
266   [*Swertia corniculata* L. (Gentianaceae).]

Die Erdzunge, welche den Hafen einschließt, erstreckt sich von der Mündung des Aldams an 10 Werste- Die Ufergebirge sind zuerst felsicht, dann kommt man etwa auf der 6ten Werst auf eine niedrige Fläche, dann auf ein mäßig hohes Gebirge, welches in eine ähnliche Fläche übergeht und sich dann wieder in ein höheres Gebirge erhebt welches die Erdzunge beschließt. Diese Berge werden von den Tungusen Nurki genannt. Die erwähnten Felsen
66 bestehen aus einer Masse von Schiefer, von verschiedener Farbe, schwärzlich, dann gelb, in unförmlichen Stükken. Es fällt in vielen größeren Inseln ab, und die Stükke bedecken das Ufer. Es hat Adern aus weißem Quarz. Zuweilen besteht der untere Theil des Ufers aus Quarz. Die Lagen des Schiefers so wie auch seine Farbe sind sehr abwechselnd, zuweilen horizontal, dann wieder fast perpendicular, dann wieder zwischen beyden Richtungen in verschiedenen Winkeln streichend. Überhaupt ist dies Ufer sehr zerrissen. In den Schieferbergen finden sich mehrere Hölen jedoch von nicht sehr beträchtlicher Tiefe. Oben sind die Uferberge mit Nadelholz bewachsen. Es ergießen sich einige kleine Flüßchen von denselben in den Aldamschen Hafen. An den Felsen wachsen *Pedicularis verticillata? – Osmunda Lunaria*[267], *Melanthium Sibiricum*[268], *Cornus Suecica, Senecio*. Meeresvögel besonders *Larus*[269] nisten in selbigen.

Wir kamen zur Zeit der Ebbe an dieses Ufer auf welchem man zur Fluthzeit nicht weiter kann. Ebbe und Fluth beobachten hier denselben Zeitverlauf und dieselben Erscheinungen als an anderen Orten des Weltmeers.
67 Das Schiefergebirge scheint sich weit ins Meer zu erstrekken, denn man sieht zur Zeit der Ebbe an vielen Orten Felsen davon hervorragen. An diesen befindet sich eine Art von Fucus sehr häufig, und Pholaden[270], welche auf den Steinen sitzen. Ans Ufer wäscht das Meer eine große Art *Fucus* aus *Fucus ramificationibus latissimis*, er wird von den Russen Morskaja kapusta (Meerkohl) genannt und von den Tungusen, wenn sie Mangel an Lebensmitteln haben, gegessen. – Ich habe Exemplare mit vollständigen Fripes gefunden, welcher auf Steinen sitzt. Man findet hier gleichfalls die von Pallas beschriebenen *Spongia baikalensis* jedoch größer als an jenem See. Wenige Muscheln außer *Mya pictorum* und einige andere einschalige Conchilien. Die Insel St. Marcus sieht man in der Ferne. Es ist ein Felsen von mäßigem Umfange. An der südlichen Seite ist er bewaldet. Die Fläche ist nackt. Sie ist zu einer

---

267   [*Osmunda lunaria* L. (Osundaceae).]
268   [*Melanthium sibiricum* (Melanthiaceae).]
269   [Larus – Möve.]
270   [Bohrmuscheln.]

Batterie bestimmt, wodurch der Eingang zum Hafen dominiert werden wird.
– Ich kam weiter über einen anderen Bergrükken, dann über eine sandichte
Fläche und endlich zur ersten Nurka, von welcher man das Meer in seiner
ganzen Ausbreitung erblickt. – Es ist sonderbar, daß dieser Felsen aus einem
ganz anderen Gesteine nämlich aus großen
68 Granitblökken mit vieler Glimmer-Einmischung besteht. Hier fand sich
ein *Astragalus, Androsace villosa*[271], *Silene floribus ratione plantarum magnis,* – eine mir unbekannte *Inula* sehr häufig am Meere.

Wegen der Entfernung konnten wir zur zweyten Nurka nicht kommen, da
wir noch zur Zeit der Ebbe aufbrechen wollten. Dies gelang uns auch vollkommen, indem wir den kürzesten Weg durch einen Theil des Hafens nahmen, welcher zur Zeit der Ebbe vom Wasser unbedeckt bleibt.

Freytag, den 3ten Aug.
Ich dachte, daß das rechte Ufer des Aldamschen Hafens ebenfalls einen Aus-
flug verdiene und begab mich daher dahin um dasselbe zu untersuchen. Wir
fuhren durch die Mündung des Aldams, welcher hier beträchtlich breit ist.
Der Grund ist steinicht, der Strom schnellströmend. Die Ufer jedoch an manchen Stellen nicht über einen Faden. Das Wasser ist schon nicht weit von dem
Ausflusse gelegen. – Das rechte Ufer gleicht in seiner mineralogischen Beschaffenheit dem linken. Die Farbe des Schiefers ist aber einförmiger und
großtentheils grau. – Am Gebirge wuchs *Gentiana campestri simili*. Am Seestrande nur Serratula mit kalkartigem Überzug. Glieder von Seekrebsen, welche beträchtlich groß seyn müssen, langen umher. Der Schieferberg schien
vor nicht zu langer Zeit eingestürzt zu seyn. Wir kehrten auf Rennthieren zurück.

69 Über die Tungusen.
Ehe ich diese Gegend verlasse will ich es versuchen über die Tungusen dasjenige zusammenzufassen, was ich theils selbst beobachtet, theils von andren
länger in Sibirien lebenden glaubwürdigen Männern über dieselben, ihre Lebensart und Gebräuche erfahren habe. –

**Aussehen, Ansehen, Karakter und Geschiklichkeit. Ortsgedächtnis,
Gastfreundschaft u.s.w.**
Die Physiognomie der Tungusen ist im Allgemeinen die der übrigen asiati-
schen Völker des hiesigen Erdstrichs. Platte Gesichter, hervorstehende Bak-

---

271   [*Androsace villosa* L. (Primulaceae).]

kenknochen, kleine schwarze lebhafte Augen mit der ihnen eigenen etwas schiefen Richtung. Obschon ich einige gesehen habe, die sich in Nichts von den Kalmücken unterscheiden, so wollen doch diejenigen behaupten, die sich durch längere Übung auf die verschiedenen Modifikationen dieser sibirischen Physiognomien verstehen, daß sie in ihren Gesichtszügen im Ganzen mehr Ähnlichkeit mit den Samojeden als mit den Mongolischen Völkern haben. Es giebt unter den Männern einige nicht unangenehme Physiognomien. Die Weiber hingegen sind durchaus häßlich. Bey den Jakuten scheint dies gerade der umgekehrte Fall zu seyn. Ihre Kopfhaare sind lang und schwarz, sie haben einen kleinen dünnen Bart und zwar schon von der Natur und nicht blos deswegen weil sich viele denselben auszurupfen pflegen, denn es giebt auch Andere, die sich nie ein einziges Häärchen ausrupfen.

70 Sie sind von mittelmäßiger Größe, von schwachem Knochenbau, im Ganzen schlanker als die Mongolen. Einige der Waldtungusen haben auf ihren Gesichtern blaue in krummen Linien gemahlte Figuren, die zuweilen den 6jährigen Kindern beyderley Geschlechts mit Zwirn, der mit Speichel Kuhmist bestrichen wird in die Haut eingenäht werden. Sie sind ein gutmütiges harmloses Volk, das unbekümmert um die Zukunft lebt, bei leichten Beleidigungen zürnt aber auch eben so schnell wieder Beleidigungen vergiebt. Sie sind behend, unternehmend, in ihren Reden lebhaft, und begleiten ihre Äußerungen mit einer Menge Gestikulationen, die zuweilen ins Lächerliche fallen. Mit einem gewöhnlich lustigen Gemüthe sind sie dienstfertig höflich; - bey alle dem aber auch listig und oft aus Unwissenheit mißtrauisch. – Sie muthmaßen bey Gegenständen der Handlungen, die sie nicht gleich begreifen können, immer eine ihnen nachtheilige Absicht. – Jene, welche sich der Pferde bedienen oder die sogenannten Pferdetungusen sind im Reuten und Bogenschießen äußerst geschickt, und haben hierin vor allen anderen Nomaden Völkern Sibiriens den Vorzug; sie werden daher auch sowohl vor den chinesischen als russischen Mongolen und den Ssolonen, die Jäger oder Bogenschützen mit Auszeichnung genannt. Die geschiktesten sollen die im Nertschinkischen Kreise wohnenden seyn, welche aus einer kleinen Kugelbüchse mit einer kaum einem großen Schrotkorne gleichen Bleykugel ein Eichhörnchen oder Zobel immer auf den Kopf treffen, um ja das Fell nicht zu verletzen, – sie durchbohren ein in die

71 Luft geworfenes Ey im Fliegen mit einem Pfeil u.s.w. – Noch bewunderungswürdiger ist ihre Gabe Spuren von Menschen und Thieren aufzufinden. Sie erkennen zu allen Jahreszeiten in Wäldern und auf Wiesen und im Sande an den oft kaum bemerkbaren Tritten, wie viele Menschen durchgegangen sind, wo sie gestanden haben, und wie schnell sie gegangen sind. – Eben so

mit dem Vieh, das sie, wenn seine Spuren auch mit einer Menge anderen ver-
mengt wären, dennoch aufzufinden wissen, – Ihr Ortsgedächtniß ist so geübt,
daß in der Gegend die sie häufiger als andere Bewohner oder öffters durchziehen, ihnen nicht nur Wälder und Berge sondern beynahe jeder Baum und
Stein bekannt ist.

Ihre Gastfreundschaft ist eine Tugend, die sie mit den Mongolen und
Jakuten gemein haben. Sie suchen einem angekommenen Reisenden auf alle
mögliche Art gefällig zu seyn. Wer ein Mann von einigem Ansehen, so wird
ein Hammel oder von den Rennthiertungusen ein Rennthier geschlachtet und
er mit gekochtem und gebratenem Fleische traktirt. Sie bewachen und versorgen sein Pferd und satteln es ihm bey der Abreise. Sie setzen ihn in die Nähe
des Feuers auf einen Pelz oder Filzdekke und suchen ihm die Zeit mit Unterredungen und Ausfragen zu vertreiben.

72 Schenkt der Gast oder ein Vorüberreisender dem Wirth einer Jurte ein
Stück Brod, Zukker oder sonst etwas genießbares, so wird es nie von ihm
allein genossen, sondern allen Anwesenden dabey in kleinen Stückchen mitgetheilt. Als Zeichen einer vorzüglichen Zuneigung werden Kleider gewech-
selt oder von den Priestern gerade zu an die Armen verschenkt. Sie unterwerfen sich ohne Murren jeder über sie gesetzten Obrigkeit, so sehr sie auch den
verabscheuen, der eine willkürliche Übermacht oder Herrschaft über seines
Gleichen ausüben wollte. Von den entferntesten und nur für sie durchdring-
baren waldichten Gegend eilen sie zur bestimmten Zeit herbey um den ihnen
auferlegten Jassak (Tribut) zu zahlen, und wenn dies je einer unterließe, so ist
dies ein sicheres Zeichen seines Unvermögens. Sie ehren sehr das Alte und
befolgen gern in ihren Handlungen die Rathschläge und Eingebungen ihrer
Greise. –

Verschiedene Lebensweise derselben. –
In ihrer Lebensweise unterscheiden sie sich nicht nur von andren Nationen
sondern unter sich selbst wieder auf die verschiedenste Weise. – Einige von
ihnen erbauen Erdhütten, die sie nicht verändern und leben ohne Abwechslung auf demselben Platze. Andere wohnen winters in Jurten in Steppen, führen aber dennoch, obschon sie zuweilen ihre Wohnungen verändern, ein ge-
sellschaftliches Leben; dahingegen wieder
73 einzelne Familien mit ihren Rennthieren in den diksten Wäldern und auf
den ödesten Bergen herumstreifen und selten über 5 Tage auf einer Stelle sich
aufhalten. Diese mit wahrer Unbeständigkeit Nomadisirenden glauben hierin
den reinen Genuß der Freyheit und die wahre Glückseligkeit zu finden. Nichts
kann sie bewegen diese Lebensart zu verändern, außer wenn sie etwa aus

Unglück verarmen, ihre Rennthiere verliren oder ein andrer Zufall dieser Art: mangelt es ihnen an Mittel[n] sich Rennthiere anzuschaffen so suchen sie Hunde zu bekommen, daher ihre Eintheilung in Rennthier-, Hunde- und Pferde-Tungusen. – Ein Rennthier-Tunguse kann ein Hunde-Tunguse werden, aber zum Pferde-Tungusen sich umzuändern wird sich selten Einer der Ersteren entschließen, weil diese Art von Existenz sich nicht so leicht mit ihrer liebgewordenen zurückgezogenen einsamen Lebensweise in den Wäldern verträgt. – Nur jene, welche den Nertschinskischen Distrikt und einen kleinen Theil des Jakutzkischen Kreises bewohnen, treiben Viehzucht. Es ist aber deutlich, daß diese Viehzucht treibenden Steppen- oder Pferde-Tungusen von der ursprünglichen Lebensart ihrer Vorfahren abgewichen sind indem sie für das Hornvieh

74 und für alles, was auf die Zucht desselben Bezug hat, keine eigenen tungusischen Namen haben, sondern hiezu die mongolischen und jakutischen Benennungen gebrauchen.

Unterhalt und Gewerbe der Tungusen

Der Unterhalt dieses Volkes hängt von der Art seines Aufenthalts ab. Jene, welche Steppen und Wiesengründe bewohnen, ernähren sich hauptsächlich von der Viehzucht obwohl auch zugleich vom Fange des Wildes. Jene welche an Flüssen und Seen lagern, vom Fischfang, dem sie sehr zugethan sind, die in den Wäldern und Bergen herumziehenden von der Jagd. – Zu den letzteren gehören vorzüglich die Rennthiertungusen. Ein Tunguse der nur 10 Rennthiere hat wird nicht für wohlhabend gehalten. Die Reichen halten 50 und zuweilen bis 200 Stükk. Diese Thiere sind größtentheils von grauweißen Haaren, viele aber scheckig. Die Rennthierkühe werden 2mahl im Tage gemolken. Das Männchen wird zum Reiten gebraucht, einige auch zum Fahren. – Unter den Steppentungusen, welche zu den wahlhabenden gehören, gab es ehemahls Einige, die bis 100 Stück Vieh zählten. Allein die Vernachlässigung der Viehzucht aus Jagdliebhaberey, Hang und Reisen zu unerlaubtem Handel über die Gränze, und öfftere Viehseuchen, denen sie nicht entgegenzuwirken verstehen, haben sie endlich dahin gebracht, daß jetzt selten einer mehr als ein Pferd und einige wenige Stükke Hornvieh hat – Auch die Jagd geht im Vergleich zu denjenigen in ältern Zeiten durch häufigere Ansiedelungen in ehemahls verlassenen Gegenden sehr abgenommen. – Im Ganzen kann man von den Tungusen behaupten, daß sie nicht sehr arbeitsam sind, welches gar von der leichten Art, womit sie sich die ersten Bedürfnisse des Lebens verschaffen, herrühren mag. Im Allgemeinen sind sie daher nicht wohlhabend, es giebt viele Arme unter ihnen, und wenn die Jagd oder der Fischfang nicht glücklich ausfällt, so sind sie nicht selten dem Hunger ausgesetzt. Diejenigen, die zu Fuße gehen müssen, leben besonders kümmerlich. Wenn sie ihren Wohnplatz verändern, so ziehen sie selbst ihre Habseligkeiten auf Schlitten mit sich. – Ihre Hauptgeschicklichkeit zeigt sich wie schon bemerkt worden in der Jagd. Sie bedienen sich zu diesem Zwekke sowohl der Bogen als Pfeile, der Spieße, Flinten, Netze und Gruben. Ihre Bogen sind von vorzüglicher Güte und so straff

76 gespannt, daß selten ein Burate oder Mongole im Stande ist denselben gehörig zu spannen.

Aus dieser Ursache schießen ihre Pfeile 2mal weiter als jene der andren Nomaden dieses Erdstrichs. Sie verfertigen die Bogen von Lerchen- oder Birkenholz, wozu sie aber besonders elastische Äste aussuchen, beleimen das Holz mit Sehnen von Thieren und bedekken sie noch mit Birkenrinde. Die Spannung des Bogens besteht aus fest gedrehten Sehnen, – Ihre Pfeile sind von Birkenholz, deren gewöhnlich 30 in einer Pfeiltasche stekken. – Sie [gehen] gewöhnlich einzeln und selten in großer Gesellschaft auf die Jagd. Jene welche an den Ufern der Flüsse oder Seen wohnen widmen sich ganz im Sommer dem Fischfang, worin sie ebenfalls viele Geschicklichkeit besitzen. Sie wechseln dann ihre Nomadensitze indem sie sich mit ihren Geräthschaften in Böthen oder vielmehr in ausgehölten Fichten und Tannenbäumen von einem Ort zum Andern transportiren. Ihr Vieh oder ihre Rennthiere treiben sie längst dem Ufer in die neugewählten Stellen, wo sie Anker werfen und zum Fischfang Stillstand machen. – Größere Fische Stör und Hausen fangen sie auf die Art des Walfischfangs im Kleinen, mit einer Art Art Spieße die an 3 Ellen Länge haben und an dessen Ende noch 2 gezakte Wiederhaken

77 sich befinden. Sie benehmen sich hiebey folgender Maßen. Dort wo sie solche Fische vermuthen an dem Ufer eines tiefen und nicht zu langsam fließenden Flusses errichten sie auf 4 Pfählen ein bis 4 Faden hohes Gerüste, eine Art kleiner Brükke, auf welcher ein wachthabender Tunguse den ganzen Tag über liegt und beständig mit aller Aufmerksamkeit den Fluß übersieht. Sobald er durch die Bewegung und den Gang einer besonderen Welle in deren Entdekkung sie eine eigene Fertigkeit haben das Daseyn und die Richtung eines Störs oder Hausens gewahr werden, so geben sie sogleich denen am Ufer in kleinen Böthen sitzenden und auf die Anzeige Harrenden [ein Zeichen]. Der am Meisten Geübte, in einem leichten kleinen Kahn aus Birkenrinde sitzend, mit einem leichten 2endigen doppelten Ruder und dem Fangspieß versehen, begiebt sich schnell nach der Stelle, wo die Bewegung des Wassers, gewisse kleine Wellen das Daseyn des Fisches verrathen. Den günstigen Augenblick und seinen Vortheil benutzend zielt er mit Geschicklichkeit nach demselben

und trifft ihn beynahe jedesmal mit dem Spieße, der sobald der Fisch davon
zu eilen strebt durch die Wiederhaken noch mehr Haltung bekömmt.

78 An dem hintern Ende des Spießes ist ein langer Riemen von ungegärbtem
Leder befestiget, der in Gestalt eines Ringes aufgewikelt im Nachen liegt. Der
Fischfänger entwikelt nun diesen Riemen, hält das eine Ende fest, und
schwimmt mit seinem Schiffchen dem verrückten Fische nach, wohin ihn dieser schleppt, bis ein anderes größeres Fahrzeug mit den anderen Fischern zu
Hilfe kömmt und man ihm hilft den verbluteten und ermatteten Fisch aus dem
Wasser zu ziehen. Wenn ihr Fischfang ergiebig ist, so verkaufen sie dasjenige
was ihnen von der eigenen Zehrung übrig bleibt an russische Aufkäufer, räu-
chern sie in ihrer Hütte oder trocknen sie in der Luft. Das letzte geschieht
vorzüglich mit einer Art Fische die sie Aklei nennen. Sie fangen dieselben
vermittelst eigens gemachten Verschlägen oder Wehren in geflochtenen Kör-
ben. Zu bestimmter Zeit im Jahr fangen sie verschiedene kleine Sorten Zug-
fische in großer Menge, die sie getroknet für den Winterproviant aufheben.
Im Aldamflusse fangen sie eine Art von Lachs, welche sie Kota[272] nennen,

79 der von sehr gutem Geschmack ist, dem Garbuschka[273] – Malma[274] –
Dschukscha (tungusische Namen). Auch diese werden forsch verspeist oder
in ganzen Stükken getroknet. Die Fischeyer (Kumins) werden ebenfalls getroknet. Salz aus dem Meerwasser bereiten sie nicht, obschon dies zum Ein-
salzen ihrer Fische in größerer Menge dienen könnte. Brod kennen sie eben
so wenig obschon sie sich dasselbe gern von den reisenden Russen schenken
lassen. Am Aldamschen Hafen wohnen seit einiger Zeit beynahe für beständig 23 Tungusen Weiber und Kinder mitgerechnet. Diese Aldamschen haben
keine Rennthiere und sind Jahre mehr an einen Ort gebunden. Sie sind auch
größtentheils getauft. Im Winter gehen sie den Aldamfluß aufwärts wegen
der Jagd und kehren im Sommer für die Zeit des Fischfangs wieder zurück.
Dann finden sich aber viele Gäste ein, besonders von den Quellen der Maja
und bis von Ochotzk (die sogenannten Lamuten[275]). Die kamen ebenfalls des
Fischfangs wegen hieher und gehen im Herbst zur Zobeljagd wieder nach
Udskoi ostrog. Seehunde werden hier auch manchmal auf 2 felsichten Inseln
am rechten Meeresufer zu allen Jahreszeiten gefangen.

---

272   [russ.: кета (Oncorhynchus keta).]
273   [russ.: горбуша (Oncorhynchus gorbuscha) (Salmonidae).]
274   [wohl russ.: нельма (Stenodus leucichthys nelma).]
275   [Lamuten oder Evenen, tungusischer Volksstamm, der großenteils in der Republik
       Sacha lebt, aber inzwischen überwiegend Jakutisch und Russisch spricht.]

80 Handwerk

Zu verschiedenen leichten Zimmermannsarbeiten bedienen sie sich der Beile, auch der Jakutischen Falinen, – dann einer besonderen Art Hobel, welche sehr einfach ist aber die Dienst eines gewöhnlichen leistet; überdies bedienen sie sich einer Art von Stemmeisen. – Sie verfertigen kleine Kasten, Schlitten, Schneeschuhe und ihre Bogen, mit vieler Geschicklichkeit. – Zu der Verfertigung ihrer Kähne und Nachen haben sie besondere Meister. – Die Besten werden aus den Stämmen der Populus balsamifera verfertiget. Mit den großen in welchen bis 4 Menschen Platz haben wagen sie sich zuweilen auf's Meer und bedienen sich derselben auch zum Seehundfang. – In den kleinsten hat nur ein Mensch Platz und in diesen gehen sie auf die Fischjagd, wie ich oben erzählt habe. –

Sonst haben sie von Künstlern oder Handwerkern nur Schmiede unter sich, allein diese werden unter ihnen täglich seltener, in dem sie nun Alles, was sie an Eisenwaaren bedürfen in den Russischen Städten und Ansiedlungen erhandeln können. Die Männer verstehen übrigens selbst Sättel und Zäume zu verfertigen. Sonst wird alle häusliche Arbeit von den Frauen verrichtet, sie gerben die Felle, bereiten Filzdekken, färben und nähen Manns und Frauenkleider und zu diesem Behufe werden schon

81 junge Mädchen von 6 bis 8 Jahren abgerichtet, so wie auch die Knaben schon in diesem Alter die Väter auf die Jagd begleiten. – Es ist beynahe gewiß, daß die Dauri'schen Tungusen, diejenigen nämlich welche in der Gegend von Nerzinsk wohnen, deren Anzahl ehemahls viel größer war als andere frühe in jenen Gegenden wohnenden Völkerschaften Kenntnisse von den Metallen hatten welche dort gesehen werden. Dies beweisen die gefundenen Überbleibsel mehrerer Schmelzöfen, die an verschiedenen Orten entdekt wurden, und zwar zum Theil, wo jetzt die Nerzinskischen Silber- und Bleybergwerke erbaut sind.

Auch fand man Spuren von früherer Bearbeitung großer Metallgänge. – Jedoch haben sie es gewiß nie zu einer Art von Vollkommenheit hierin gebracht. Das Nertschinskische Bergwerk verdankt eigentlich seine Entdekung und seinen Anfang den Tungusen, welche im Jahr 1649 den in Nertschinsk anwesenden Bojarensohn Pavel Schulgin[276] bekannt machten, daß sie in den kleinen Flüssen nahe am Argun Gold Silber und Bley Mienen entdekt hätten. Diese Mittheilung wurde nach Moskau berichtet und vom dem Tzar der Befehl gegeben, die Sache zu untersuchen und im Falle alles richtig befunden würde, die Mienenarbeit anzufangen, welches denn auch wirklich geschah

---

276　[Павел Яковлевич Шульгин (fl. 1647–1678).]

und zwar ebenda wo noch jetzt das Nerzinskische Bergwerk existirt, zu Berge
Kaltiche, wo die erste Miene

82 die troizkische benannt wird. Die Flüßchen an welchem man Spuren von
Metalladern entdekt sind von den Tungusen Altascha Goldfluß (obschon kein
Gold dort gefunden wird) Mengutscha Silberfluß, Tuotsha Zinn[277] oder
Bleyfluß genannt werden. Verschiedene Bedürfnisse des Luxus erhalten sie
von den Russen unter welchen aber Tabak und Branntwein den ersten Platz
einnehmen. Zum letzten haben sie eine große Zuneigung. Für ein Bierglas
Branntwein geben sie oft 10 und mehr Felle von Grauwerk. –

Wohnungen

Eine geringe Anzahl der Nertschinskischen oder Steppentungusen wohnen in
Filzzelten, gleich denen, deren sich die Buraten und Mongolen bedienen. Der
größte Theil der übrigen Tungusen bedient sich hiezu der Birkenrinde die in
großen Stükken auf einige in die Runde gestellte Stangen gelegt werden, die
sich nach oben mit einer breiten kegelförmigen Spitze vereinigen. Dieses
Stangengerüste welches das Skelet der Hütte bildet, wird mit der

83 Birkenrinde, welche vorher in Wasser oder auch in Milch gekocht worden,
ringsherum genau bedekt. An die Enden der Rindenstükke nähen sie Riemen
aus Fischhäuten an, mit diesen werden sie an die Stangen befestigt, oder sie
werden auch zur Befestigung mit wollenen Schnüren ringsherum angebunden.
Dort wo der Eingang der Hütte oder des Birkenzeltes seyn soll wird eine
Stange des Gerüstes herausgenommen. Aber über dem Platze, wo das Feuer
unterhalten wird, welches sich immer in der Mitte der Jurte befindet, läßt man
eine Öffnung zum Rauchfang, welche zugleich dazu dient Luft in das Zelt zu
lassen. Diese aus Stangen und Rindenblättern zusammengesetzte einfache
Zelten nennen sie Inkaja. Wenn sie einen Ort, wo sie darin eine Zeitlang hau-
seten, verlassen, so wird gewöhnlich das Gestelle auf dem Platze zurückgelassen, damit man sich gelegentlich in der Zukunft desselben wird bedienen
können. Nur die Rinde wird mitgenommen, indem sie in Bündel zusammen-
gewikkelt wird. –

84 Die Tungusen, die zwischen den Städten Jakutzk, Ochotzk, und dem Uts-
koischen Ostrog wohnen und die reich an Rennthieren sind, brauchen zur Bekleidung ihrer Zelte statt der Birkenrinde bearbeitete Fischhäute. – oder auch
Rennthierhäute. Letztere sind freylich die besten und wärmsten. – In einer

---

277   A. d. H. Vor einigen Jahren wurden wahre Zinnstufen in jener Gegend in einem
       Flusse zwischen Nerzinsk und Werchy Udinsk von einigen Buræten entdekt und
       dato die Anzeige in Petersburg gemacht. –

solchen Jurte wohnen oft von den ärmsten Herumwandernden zwey bis mehrere Familien. –

Häusliche Geræthschaften, Verzierungen, Anzug

Ihr Hausgeräthe besteht größtentheils aus hölzernen Schalen und Löffeln, Beilen, einem kupfernen oder auch eisernen Kessel, eine Art Schaufel, Schlittschuhen, lederne Eymer, ein kleiner Korb aus Thierhäuten oder Filz als eine Art Wiege für die kleinsten Kinder. Ferner Ihr Jagd- und Fischgeräthe. –

Ihre Kleidung ist einigermaßen jener der Jakuten ähnlich nur tragen sie Alles knapper und besser anpassend. Ein Oberrock mit ziemlich engen Ärmeln, er heißt Tati. Ein Brust-Kleid, eine Art von großem Brusttuch welches Orupton heißt. Bey den Ärmeren aus Fell, bey den Reichen aus Tuch. Kurze lederne Hosen wie die Jakuten mit allerley Verzierung, auch Pantalons und Strümpfe aus weichen bereiteten gegerbten Rennthierfellen. Kurze rehlederne Stiefel mit Sohlen von Seehundsleder welch dick und dauerhaft

85 sind, und die Nässe nicht durchlassen; sie werden mit Riemen in die Höhe gebunden. An ihrem ledernen Gürtel hängen von beyden Seiten Säckchen mit Tabak, Pfeife, Feuerzeug, Zunder, Messer. Meistens ist ihre Sommerkleidung aus Thier oder Fischhäuten gemacht, die Winterkleider aber aus Pelzwerk. Ihre Haare kämmen sie mit einem hölzernen Kamm, und binden sie ohne selbe zu beschneiden im Nakken zusammen. Sie waschen sich nur dann, wenn eine auf die Haut angetroknete beträchtliche Unreinigkeit sie beunruhiget. Sie tragen keine Hemde und gehen beständig mit bloßem Hals. Den Kopf haben sie den ganzen Sommer über unbedeckt. Im Winter aber und bey größeren Zügen auf die Jagd tragen sie Mützen, die gewöhnlich von einem wilden Ziegenkopfe abgezogenen Haut gemacht sind. Daran werden bey der Verfertigung nicht nur die Ohren der Ziege, sondern selbst, wenn der Kopfschmuck von jungen Ziegen ist, auch die kleinen Hörner gelassen, welche dann hier als eine wahre sichtliche Zierde hervorragen, die bey unsren europäischen Männern zuweilen unsichtbar sind. – Die Weibertracht ist der Männlichen so ziemlich ähnlich,

86 nur ist dieselbe mit etwas mehr Zierathen und einer Art Stikerey an den Enden und Näthen versehen. Das Brustkleid ist etwas verschieden ebenso die Stiefel, welche mit bunten Glaskorallen von blauer, weißer, schwarzer Farbe in zierlichen Formen benäht und besetzt wurden. – Sie tragen Ohrgehänge und Halsbänder wie die Jakutinnen. – Die sogenannten Pferde oder Steppentungusen sind in ihrer Tracht jener der Buræten größtentheils ähnlich.

Tabakrauchen

Die nomadischen Nationen sind überhaupt sehr geschickt im Feuermachen und unter den asiatischen die Tungusen insbesondere. Diese bedienen sich hiezu des verfaulten Holzes, welches sie zerreiben und als erstes Feuermaterial gebrauchen, indem sie ein Stückchen angezündeten Schwamm in eine kleine Quantität dieses Holzes legen, welches dann sogleich Feuer fängt. Die Tungusen lieben den Tabak ebensosehr als die Jakuten. Sie mischen denselben der Ökonomie wegen mit kleinen Stükken von Tannenrinde. Ihre Tabakspfeifen sind von besonderem Bau. Das Mundstück oder das Rohr **87** besteht aus 2 geraden halbrunden Stückchen Holz, die genau auf einander passen. In der Mitte sind beyde der Länge nach zur Hälfte ausgehöhlt, so daß beim Zusammenpassen aus den beyden Stükken die Hölung des Rohres gebildet wird. Dieses wird mit einem dünnen Riemen der Länge nach zum Zusammenhalten umwikkelt. Diese Art von Pfeifenröhren sind sehr bequem zum Reinigen indem man sie bloß aufzubinden braucht, allein selbst der Saft der sich im Innern des Rohres anzusetzen pflegt geht nicht unbenützt verloren, indem die Tungusen denselben wieder mit schlechterem Tabak vermischen um ihn stärker zu machen. Der Pfeifenkopf ist von Metall nach Art der chinesischen, aber größer und mit einer engeren Öffnung, oder von Rennthierknochen; er befindet sich nicht ganz am vordern Ende des Rohres, sondern er wird nicht weit vom Ende in dasselbe eingepaßt. – Einige bedienen sich auch der gewöhnlichen chinesischen Tabakspfeifen Gana genannt. Es ist einer ihrer Lieblingsgenüsse, dem sich sowohl das Männliche als das weibliche Geschlecht überläßt, **88** rund um's Feuer sitzend Tabak zu rauchen und sich die Zeit mit Plaudern zu vertreiben, welches öffter ganze Nächte hindurch geschieht. Die Morgenröthe treibt sie dann erst aus einander um sich schlafen zu legen. Ihr Schlaf ist so fest, daß auch das Gebelle der von ihnen stets unterhaltenen sehr wachsamen und bösen Hunde nicht im Stande ist, sie aus dem Schlafe zu wekken.

Übrige Genüsse und Ergötzungen

Zuweilen belustigen sie sich mit Ringen, Wettlaufen und Zielschießen. Die Pferde-Tungusen haben überdies noch zuweilen Wettrennen. In all diesen gymnastischen Übungen sind sie sehr geschickt. Weniger will es ihnen mit der Musik gelingen; ihre Gesänge womit ebenfalls sie zuweilen ihre anderen Ergötzungen abwechseln oder diese damit begleiten sind für ein europäisches Ohr unharmonisch. Der Text ihrer Lieder ist ein Gemisch von zufällig gesammelten oft ganz ohne Sinn verbundenen Worte. – Sie besitzen ein einziges musikalisches Instrument, welches an Gestalt einer Violine ähnelt und nur drey Saiten hat. Auch dieses findet man nur bey sehr wenigen. Das Tanzen oder vielmehr eine plumpe Art Hüpfen und Springen gehört zu den Vergnügungen der Mädchen. – Eine der Hauptbelustigungen der Männer ist folgende **89** Sie machen an einer bestimmten Stelle oft in einer Entfernung von 50 Klafter Zeichen, wo sie Bündel von Riemen hinlegen. Hierauf wird als einem Ziele mit Pfeilen geschossen, und wer einen solchen Bündel trifft ohne die Erde mit dem Pfeile zu berühren der erhält einen solchen Bündel zum Preise. – Fest oder wahre Feyertage haben die Tungusen nur dann, wenn sie vielen Branntwein und Überfluß an Speise haben. –

Übrige Gebräuche
In jedem Zelte schätzt man jenen Platz für den vornehmsten oder Ehrenplatz, der sich gleich rechts von Eingange an der Seite des in der Mitte brennenden Feuers befindet und welchen man Koi'moe nennt. – Ihre freundschaftlichen Ausdrücke oder Schmeichelworte sind vorzüglich folgende. Niki Freund, Uta, liebstes Kind, Amenika, Väterchen, Katun ein edler. Die Männer küssen sich unter einander nie; wenn sie sich aber in sehr langer Zeit nicht gesehen haben, umarmen sie sich bey der ersten Begegnung mit vieler Herzlichkeit. Sie besitzen nicht viel Schimpfworte, jedoch einige als die gewöhnlichsten, Bum Teufel,
90 Buni Gatschin hat dich der Teufel, Tschiktu Verfluchter, und Amunisch Isgan Schaafskopf. Dummer Kerl. – Bey Unterredungen und Versprechungen brauchen sie zwo Bestätigungen der Wahrheit des Ausdrucks Gott fraß es, Die Sonne fraß es! –

Um eine Idee von ihrer Unreinlichkeit und ihrem gänzlichen Mangel an Ekelhaftigkeit zu geben brauche ich blos zu sagen, daß die Väter und Mütter den Rotz von ihren Kindern mit dem Munde aussaugen, und etwa Läuse, die sie bey sich oder ihren Kindern finden verzehren, finden sie aber dieselben bei einem Fremden, so werfen sie dieselbe ohne sie selbst zu tödten in's Feuer oder auf die Erde.

Sie essen das Fleisch von allen vierfüßigen Thieren, Fischen und Vögeln ohne Ausnahme, selbst jenes von krepirten Thieren nicht ausgenommen. Hingegen sind Schlangen, Eidechsen, Frösche und alle Arten von kriechenden Thieren, sowie die Insekten für sie unreine Nahrungsmittel, deren sie sich sorgfältig enthalten.
91 Rohes Fleisch essen sie selten, sie kochen es in Wasser und Salz und zuweilen auch mit Wurzeln oder sie braten es auch über dem Feuer. Alle Arten von Fett verzehren sie aber gerne roh. Alle Speißen werden in einem Kessel gekocht, ohne aber denselben jedesmal auszuwaschen, oder den Rükstand der

vorher gekochten Speise auszuschütten. Nur selten geschieht es, daß der Kessel mit dem alten Lumpen eines Pelzes oder mit irgend einem Fetzen, der ihnen zuerst in die Hände fällt ausgewischt wird. Gekochte Nachgeburten sind ihnen sehr angenehm. Viele Arten von Wurzeln dienen ihnen zur Speisse, vorzüglich jene, die sie in den Schlupfwinkeln der Mäuse sammeln, welchen sie manchen Vorrath verdanken. Die Steppentungusen gestehen selbst, daß sie ohne die von den Feldmäusen angelegten Proviantkammern manchmal hungern müßten. Die Tungusen welche Pferde haben, melken ihre Studten nie, sondern sie behelfen sich mit Kuhmilch woraus sie auch Milchkäse machen, die sie troknen und zum Wintergebrauch aufbewahren, gemeinschaftlich mit den Zwiebeln einer Lilienart (Lilium Martagon L.) und die sie sarana nennen. Wenn sie Mehl erhandelt haben oder als Geschenk erhalten so kochen sie dasselbe mit Wasser oder Milch zu einem dünnen Brey, und trinken diesen Tassenweise. Das Fleisch essen sie indem sie ein Stück mit bloßen
92 Händen ergreiffen und zum Munde bringen. Fleisch und andere Brühen trinken sie aber aus Tassen.

Das Vieh schlachten sie auf eine ganz eigene Weise. Sie stechen nämlich mit einem Messer in die Brust in der Richtung gegen die Schulterknochen, stecken die Hand in die gemachte hinlänglich aufgeschlitzte Wunde und reißen das Herz heraus. Sie glauben, daß durch diesen Handgriff sich die ganzen Blutreste des Körpers in die innen gemachte Hölung ergießen. Die Haut wird abgezogen, und in dem nicht ausgewaschenen Magen das ergossene Blut gesammelt, gebraten [?] und daraus ein tungusische Lekkerspeise bereitet. – Im Sommer leyden sie selten an Nahrung Mangel, wohl aber im Winter. Der Hungersnoth in dieser Jahreszeit suchen sie jedoch durch das Aufbewahren und Eingefrieren verschiedener wilden Staudenfrüchte und Beeren, so wie dem im Herbst übriggebliebenen Fleisch und Fischvorräthen, die sie in tiefe gegrabene Gruben einfrieren lassen. Zu eben diesem Ende brauchen sie auch getroknete und geräucherte Fleischstükke und Fische. Das gewöhnliche Getränk besteht in reinem Wasser, im Frühjahr zuweilen in Birkensaft, in Fleisch- und Fischbrühen, bey den Steppentungusen in Hornvieh und bey den übrigen in Rennthiermilch. – Im Sommer hält ein Jeder
93 so genanntes Sohutschuju, Saug- oder vielmehr Kaumittel im Mund. Dies besteht aus einem Stück Harze vom Lerchenbaum. Es soll dieses Harz den Durst stillen. Es ist aber vielmehr eine Art von Genuß des Zeitvertreibs wie z.B. das Tabaksrauchen und das Kauen des Bettels der Indianer. – Die Tungusen trinken auch zuweilen den sogenannten Ziegelthee, dessen sich die Mongolen so häufig als ihres Lieblingsgetränks bedienen, welchen sie von den russischen Kaufleuten erhandeln. – Sie mischen dazu nach mongolischer

Sitte zuweilen etwa ausgewittertes Steppensalz, das sie Tudschiron nennen. Manchmal mischen sie auch etwas Milch oder Fett dazu. In Ermangelung dieses Thees sammeln sie die Blätter des Vaccinium vitis idea und bedienen sich desselben statt des Thees, eben so die Blätter von wilden Rosen Cynobati[278] und anderen ähnlichen Blättern und Kräutern, die einen mehr oder weniger scharfen säuerlichen oder zusammenziehenden Geschmack haben. – Ihr erstes Lieblingsgetränk bleibt aber vor Allem warmer aus Milch destillirter Weingeist.

94 Sie verfertigen denselben zuweilen selbst (nämlich blos die Steppentungusen) indem sie die Milch erst säuern und nachher aus ihren Kesseln von Gußeisen überdestilliren. Sie beschmieren den Deckel des Kessels, der hie zu als Destillirkolben dienen muß mit Koth, nachdem sie vorher eine hölzerne Röhre hineingestekt haben. Haben Sie in der Sommerzeit genug Milch gesammelt um daraus eine hinlängliche Quantität Branntwein zu gewinnen, so sind sie täglich betrunken und fallen in diesem Zustande wohl oft dem Vorbeyreisenden oder sie Besuchenden zur Last. – Bey dieser Destillirpraktic, so wie bey allen anderen häuslichen Beschäftigungen dieser Art herrscht beständig die ekelhafteste Unreinlichkeit.

Krankheiten

Aus Mangel an Pflege mag [?] die Sterblichkeit unter den Kindern nicht unbedeutend seyn, aber jene welche ihr mänliches Alter erreicht haben, besitzen gewöhnlich eine so glückliche und starke Leibesconstitution, daß sie äußerst selten Krankheiten unterworfen sind. Viele gehen ins Grab ohne je an einer Krankheit gelitten

95 zu haben, aus Ermattung, Mangel an Lebenskraft, Schwäche der Nerven, Auszehrungen, Marasmen. Jedoch herrscht auch unter ihnen die Venusseuche bey beyden Geschlechtern, an der Manche des Mangels an gewerbmäßiger Behandlung wegen zu Grunde gehen müssen, aber so sind Scorbutische Geschwüre nicht selten. – Eine der häufigsten Krankheiten sind aber chronische Augenentzündungen, deren Ursache dem beständige Rauch in ihren schlechten Hütten und dem Glanze des Schnees während eines großen Theils des Jahres zugeschrieben werden müssen. – Es sterben einige an Schwindsucht auch zuweilen an hitzigen Fiebern, die Meisten starben aber ehemahls an den natürlichen [?] Pokken, welche bey ihnen so wie bey den meisten Nomadennationen für eine wahre Pest gehalten wird, und welche wirklich wenn sie unter ihnen einreißt, in Hinsicht der Tödlichkeit damit verglichen werden

---

278   [Cynosbati fructus – Hagebutte.]

kann. – Glücklicherweise haben sie durch viele traurige Erfahrungen gelernt, daß Absonderung von den Kranken das einzige sicherste Rettungsmittel für die Gesunden ist, welche die Krankheit noch nicht überstanden haben; nur geschieht freylich diese Absonderung nicht immer auf die humanste und wenigst grausame Weise. Sie versehen nämlich den Kranken mit Lebensmitteln auf einige Tage, die Gesunden aber

96 ziehen davon und überlassen jene ihrem Schicksale. Es geschieht jedoch zuweilen das [!] sie in ihren Kleydern den Anstekkungsstoff mit sich nehmen. Die Schamanen oder sonstige Heilkundige getrauen sich nicht in dieser Krankheit den Ergriffenen Hülfe zu leisten. Sie suchen zuweilen durch Zauberey und Gebete die Abwendung des Übels zu erhalten, stirbt aber der Kranke, so sagen sie die Götter wären unerbittlich. – So viel ich weiß hat die Kuhpokkeninoculation unter ihnen noch keine großen Fortschritte gemacht, weil sie auf einem ungeheuren Erdstrich zu zerstreut und ausgebreitet und oft in den unzugänglichsten Wildnissen wohnen. Jedoch soll der D. Körlein in Jakutzk auch schon mehrere Individuen dieses Volkes geimpft haben. An Bereitwilligkeit hiezu wird es ihnen ebenso wenig fehlen, wie den Buräten, aber Lokalverhältnisse werden der Verbreitung dieser Impfung unter ihnen Hinderniss entgegensetzen. –

97 Die Tungusen leben eben so lange als andere Nationen, sie scheinen aber nicht so schnell im Äußeren zu altern. Es giebt unter ihnen Männer von 80 Jahren, deren Haare noch nicht grau sind und die noch sehr breit und munter auf ihren Pferden oder Rennthieren sitzen. Im Jahr 1784 soll sich dem Nertschinskischen Kreisbeamten eine 130jährige getaufte Tungusin vorgestellt haben, die aus dem Dertigatskischen Geschlechte stammte, in ihrem 30ten Jahre verheyrathet wurde und sich keiner erlittenen Krankheit erinnerte. An den Händen waren die Finger und an den Füßen die Zehen eingeschrumpft, allein sie empfand davon keine Schmerzen, sie hatte selbst ihre Zähne noch bewahrt, eine feste Aussprache und ein außerordentliches Gedächtniß. Sie ritt noch in jenem Alter 100 Werste und weiter. In der Jurte hakte sie selbst ihr Holz und trug es zum Feuer. Sie hatte nur 6 Kinder gehabt darunter 2 die Nähe von 100 Jahren erreicht hatten.

98 Hochzeiten, Geburten

Auch bey den Tungusen kauft die Liebe oder wechselseitige Zuneigung eben so wenig eine Verbindung beyder Geschlechter. Der Kalym oder der Brautpreis entscheidet die Heyrath. Ein Tunguse kann so viel Weiber nehmen als er nach seinem Vermögen erhandeln und ernähren kann. Die Meisten und ärmsten begnügen sich jedoch mit einem Weibe. Die Reicheren sind in dieser

Stükke nicht so streng, unter ihnen giebt es Beyspiele von 5 bis 7 Weibern, worunter jedoch nur eine als die wirkliche und vorzüglich rechtmäßige Hausfrau offentlich ausgezeichnet und angegeben wird.

Die Rennthiertungusen zahlen gewöhnlich 5 bis 10 Rennthiere für eine Braut, reichere 30 bis 40 und man hat Beyspiele von Fürstensöhnen die bis 2 und 300 für eine künftige Hausgenossin gaben. Die Steppentungusen zahlen mit Pferden Kühen und anderen Hausthieren von 5 bis 100 Stükken und darüber. –

Die ganz Armen, besonders die Fischtungusen, die weder Vieh noch Rennthiere haben, geben statt einem Rennthier 5 Riemen aus Seehundsleder, ohngefähr die Länge von 800 Klaftern für den Werth von 10 Rennthieren; dann auch Fischnetze, wovon ein Netz für ein Rennthier gerechnet wird. Jedoch geben sie lieber Riemen, weil sie den Hanf oder die Strikke für die Bereitung der Fischnetze von den Russen kaufen müssen. Wenn sie keine Rennthiere, keine Riemen und keine Netze haben, so
99 geben sie statt derselben Geld oder Felle von erlegter Jagdbeute. Wittwen sind bey ihnen allzeit wohlfeiler als Mädchen. – Sobald der Bewerber mit den Ältern der Braut über den Brautpreis einig ist, so kann diese keine abschlägige Antwort mehr geben und der Bräutigam genießt schon gleich ohne die nöthigen Festivitäten und Ceremonien das Recht bey der Braut zu schlafen. – Nur bey den reichsten finden auch dann schon kleinere Feste statt. Es geschieht zuweilen, daß die Anverwandten, um weitere Unkosten zu ersparen, ihre Kinder schon in der Jugend gegen einander aus tauschen. –

Da übrigens die Tungusen weder lesen noch schreiben können, so haben sie über dergleichen Hochzeitsceremonien keine geschriebenen Vorschriften und sie befolgen daher mit Abweichungen welche Umstände und Verhältnisse herbey führen, die von der Gewohnheit eingeführten Gebräuche. –

Folgendes ist der ganz gewöhnliche Hergang der Bewerbung bey den Nertschinskischen Tungusen. – Wenn einer ein Mädchen bemerkt, die ihm gefällt und er gesonnen ist, dieselbe sich zur Braut zu wählen, so schikt er zu den Ältern oder nächsten Verwandten des Mädchens einen Freywerber. Dieser bringt Thee mit sich, giebt denselben der Wirthin, fordert sie auf denselben zu kochen und alle Hausgenossen damit zu bewirthen. – Nachdem der Thee getrunken wurde, macht er die Motive seiner Sendung
100 bekannt, und vernachlässigt hiebey nicht die empfehlungswerthen guten Eigenschaften des Bräutigams aus [!] das Beste anzupreißen. Wenn die Ältern abgeneigt sind ihre Tochter herzugeben, so endigt eine kurze abschlägige Antwort alle weitere Bewerbung des Freyers. Wird aber der Bräutigam für würdig gehalten, die Tochter zu erhalten und mit der Familie sich zu ver-

binden, dann wird das Jawort gegeben und nun an den Brautpreiß oder den Schurin (tungusische Benennung) unterhandelt und die Bedingungen des Käufers der Braut festgesetzt. Mit diesem Auftrage beginnt der Freywerber seine Rückkehr, und dann bestätigen die Väter von beyden Seiten so wie auch der Bräutigam selbst den Vertrag. Ein Theil des Schurin's wird erlegt und Ort und Tag zur Hochzeit bestimmt, an welchem die Braut oder junge Frau nebst der ebenfalls im Schurin abgemachten Mitgabe förmlich ausgeliefert wird. Eine reiche Braut bringt zuweilen entweder 20 bis 30 Stükk Vieh oder Rennthiere mit, dann eine Bärendekke, eine Jurte, zur Hälfte mit Fellen [?] zur Hälfte mit Birkenrinde bedekt, verschiedene Hausgeräthe und Kleider, worunter das vorzüglichste Stükk ein Pelz von Biberfellen ist. –

Freunde und Verwandte schenken den Neuvermählten verschiedenes Vieh **101** zum Hochzeitsschmauß, wobey die versammelten Gäste sich reihenweise herumsetzen, Thee, Branntwein und Milch trinken, und verschiedene Arten gekochtes Fleisch essen. Hiebey sind eigens gewählte junge Leute zu Aufwärtern bestimmt, welche die Gäste bedienen müssen. Nach diesem Feste nimmt der Bräutigam seine Braut und führt sie von einem Theil der Gäste, worunter die nächsten Verwandten, begleitet in seine Wohnung, wo ebenfalls noch einmal gegessen und getrunken wird. Nach dieser Endschmauserey ist die Ceremonie zu Ende. Ein Mann hat die Gewalt bey der geringsten Unzufriedenheit seine Frau zu verstoßen und sie ihren Ältern oder Verwandten zurückzugeben, in diesem Fall bekömt er aber den durch den Schurin erlegten Preiß nicht wieder zurück. Wenn aber das Gegentheil stattfindet und die Frau ihrem Mann entläuft, ohne daß er ihr förmlich entsagt, oder wenn sie sich an einen andren verheyrathet, dann hat er das Recht die für sie erlegte Summe in Natura oder im Werth zurückzufordern, welchen er dann gewöhnlich auch erhält. –

102 Bey ihren Heyrathen sehen sie viel genauer auf die Grade der Verwandtschaft als die Jakuten. Ein Mann kann keine Frau aus der ihm nahen Anverwandtschaft wählen, sondern muß dieselbe in einem fremden Geschlechte oder einer entfernten Familie suchen. Bey den Waldtungusen besteht hingegen das herkömmliche Gesetz, daß, wenn ein Mann seine Frau Ehebruch mit einem Andern ertappt, er dieselbe gegen die Tochter oder Schwester des Ehebrechers mit einer kleinen Zugabe welche Verwandtschaft diese auch seyn mag, verwechseln kann. Eine Tungusin darf nicht in dem Zelt, welches für gewöhnlich bewohnt, ihre Niederkunft halten, sondern sie muß dieselbe in einem anderen besonders dazu Errichteten Zelt erwarten. Einen Monat lang nach der Geburt wird die Wöchnerin für unrein gehalten, und muß deßhalb

durch eine besondere andere Thür in die Wohnung ein und austreten. – Auf
Reisen muß sie in diesem Fall allein, abgesondert von Menschen
103 und ihren Weg zu Fuß oder reitend zurüklegen. – Die Tungusischen Weiber gebähren vorzüglich leicht. Andere ältere erfahrene Nachbarinnen stehen
ihnen bey dem Gebähren bey. Gleich nach erfolgter Niederkunft werden die
nächsten Freunde zum Schmause eingeladen. Das neugebohrene Kind bekömmt den Namen des zuerst ankommenden Mannes oder der zuerst herein-
tretenden Frau, zuweilen jedoch irgend einen vom Vater erdachten Namen.
Meistens nähren junge Frauen ihre Kinder bis zur neuen Schwangerschaft
und wenn diese nicht erfolgt manchmal bis ins dritte Jahr.

Sie begraben ihre Leichen jetzt in die Erde. Ehemahls sollen sie, besonders
die Waldtungusen, die Gewohnheit gehabt haben, ihre Leichen auf einem eigenen Gestellt aus Lerchenbäumen zu befestigen welches sie Labar nannten,
und so der Verwesung in der Luft auszusetzen. Ich selbst sah noch Reste eines
solchen Leichengerüstes nicht fern vom Aldam'schen Hafen.– Der Tote wird
von Einigen an der Stelle begraben, wo er gestorben ist, und zum meisten in
eben derselben Kleidung die er zuletzt im Leben getragen. Er wird ohne viele
104 Ceremonien in eine Grube mit dem Kopf nach Westen gerichtete, gelegt.
– Andere hingegen machen hiebey schon auch Umstände, sie kleiden ihre
Tode [!] in die besten Kleider und nachdem in einiger Entfernung vom Wohn-
zelte eine Grube gegraben wurde, legen sie die Leiche mit dem Rükken nach
unten in einen ausgehölten Baumstamm und bedekken diesen Sarg mit einem
Dekkel aus Birkenrinde, diesen Sarg bringen sie in die Grube und zwar ebenfalls so, daß der Kopf nach dem Untergang der Sonne hin gerichtet ist. Nachdem bei Reichen auch vorher die Pfeile und der Bogen, der Sattel mit Zubehör,
das Messer, Feuerzeug, der Kessel und die übrigen im Leben gewöhnlichsten
Ustensilien des Verstorbenen in der Grube dem Sarge beygelegt wurden, wird
dieselbe mit Erde verschüttet. Bey solch einem vornehmeren Begräbnisse
wird die Leiche von allen Verwandten, Bekannten und selbst von zufällig
Vorbeyreisenden zur Bestattung begleitet. – Die Steppentungusen, welche
viele Gebräuche von denen ihrer nachbarlichen Buræten und Mongolen angenommen haben,
105 schlachten noch, außer der Beobachtung der obenerwähnten Gebräuche,
das Lieblingspferd des Verstorbenen, wovon sie die Haut vom Kopf bis zu
den Füßen abziehen, und [-----]lich an einem Baume aufhängen, das Fleisch
aber den Hunden und Vögeln preiß geben. – Bey der Bestattung ihrer Schamanen beobachten sie noch einige besondere Gebräuche. Sie begraben dieselben nur auf der Stelle, die sie selbst während ihres Lebens gewählt und
bezeichnet haben. Diese Wahl trifft größtentheils einen Platz in der freyen

Luft, weil nach ihrer Meynung und Lehre die bösen Geister vorzüglich in der Erde ihren Sitz haben. Die Särge welche die Überreste dieser heiligen Zauberer enthalten werden daher über der Erde aufgestellt und mit Steinen umgeben. Wenn ein Schamane seine Kleider, seine Trommel und den Zauberstab Niemandem durch ein wörtliches Testament vermacht hat, so werden alle diese Attribute seiner entflohenen Macht über dem Sarge aufgehängt.

Noch lange nach dem erfolgten Begräbnisse kommen zuweilen einige Freunde oder Anverwandte bey dem Grabe zusammen um das Andenken des Verstorbenen durch diese Wahlfahrt [!] zu ehren und mit einem Schmause zu feyern.

106 Hiebey begießen sie das Grab mit Fisch- und Fleischbrühen, mit Thee oder selbst mit Branntwein. –

In der Gegend, welche jetzt die Nertschinskischen Tungusen bewohnen, findet man merkwürdige Gräber, von welchen es noch zweifelhaft ist, ob sie für die Vorfahren dieses Volkes oder eines anderen im Alterthum in diesen Gegenden einheimischen Völkerstamme zugeschrieben werden müßten. Man findet diese Grabmähler oder Überreste davon an den Flüssen Argun, Schilka und Ingoda an. Sie hatten von 5 bis 8 Fuß Länge, 3 bis 4 Fuß Breite und nach den verschiedenen Erdlagen und aufgeworfenem Streuwerke zu urtheilen eine Tiefe von 5 bis 6 Schuhen. Diese Grabmähler enthalten keine kostbare Metalle, das Beste, was man darin findet sind Bruchstücke von bemoostem Eisen. Nichtsdestoweniger wurden sie nicht selten geöffnet und beraubt, obschon dies eine äußerst schwere Arbeit ist. Es sind nämlich diese Gräber mit außerordentlich großen Stükken von Granitsteinen umgeben, wozu man Granitblökke gebraucht hat wie derselbe in den nahen Ur-Gebürgen schichtenweise vorkömmt.

107 Die scharfen Seiten sind so gestellt, daß dieselben über dem Grabe (bis 2 Fuß über die Erde) hervorragen. Das Wunderbarste hiebey ist daß diese Steine und Blökke an vielen Stellen in einer Entfernung von 10 und mehreren Wersten herbey gebracht werden mußten, und sich aus der jetzigen Lebensweise der Bewohner keineswegs errathen läßt, welche Mittel oder Fuhrwerke zu dem Transporte dieser Steinmassen angewendet wurden. Wie hat man diese Steine gesprengt und aus den Brüchen erhalten? Durch welche künstliche Vorrichtung wurden sie zu den Gräbern gebracht? Auf diese Fragen wissen die jetzigen Tungusen Nichts zu antworten: auch scheinen sie keine Tradition hierüber zu besitzen. Es muß daraus auf einen höhern Stand der Kultur der frühern Bewohner jener Gegend geschlossen werden; dies beweisen auch die Steine einer ehemaligen gemauerten Stadt, die man ohnlängst in dem Nertschinskischen Bezirk entdekt und zum Theil ausgegraben hat. –

108 Sprache, Benennung

Woher die Russen die Benennung Tongen oder Tungen haben, darüber giebt es verschiedene Meynungen. Die wahrscheinlichste behauptet, daß dieses Wort von dem tartarischen Dongun (welches ein Schwein bedeutet) abstamme. Es wäre leicht möglich, daß ehemahls die sibirischen Tartaren, bey denen diese Benennung als ein Schimpfwort gebräuchlich sein soll, auf die Tungusen in Hinsicht ihrer so unreinlichen Lebensweise damit beehrt haben. – Die Tungusen selbst nennen sich Oi-wenki und behaupten zugleich daß Piju der ehemalige Volksname ihrer Vorältern gewesen seyn soll. Ihre Sprache ist sowohl von der mongolischen als der jakutischen vollkommen verschieden und hat die meiste Ähnlichkeit mit der Sprache der Mandschu, mit denen sie auch in anderer Hinsicht verwandt zu seyn scheinen. Die meisten Schriftsteller, welche die sibirischen Völkeräste beobachtet und ihren Ursprung zu erforschen getrachtet haben, sind daher der Meynung, daß die Tungusen ein alter abtrünniger Völkerstamm der

109 Mandschu-Nation sey, welcher in seiner Bildung zurükgeblieben ist, und das wilde und unbeständige Leben des Jägers und des Hirten einem civilisirten Zustand vorgezogen hat. – Die Tungusen sprechen langsam und deutlich, so daß jedes Wort genau mit russischen Buchstaben aufgeschrieben werden kann. Sie haben keine eigentlichen geschichtlichen Handschriften auch kennen sie jene der Mandschu nicht. Bey Unterschriften bedienen sie sich zuweilen eigener Zeichen, die von jeder Familie gewählt und sich angeeignet wurden Mit eben solchen Zeichen stempeln sie auch ihre Pferde. Nur äußerst wenige sind von den Buratischen Lamas in der mongolischen und noch weniger in der Mandschu'schen Schrift unterrichtet. Auch diese wenigen Kenntnisse in dem Besitz Einiger, fangen jetzt wieder an bey denselben zu erlöschen. –

110 [leer] **111 Abkunft und Wohnorte**

Die Gegend, welche sie bewohnen oder durchziehen, erstrekt sich vom Flusse Jenissej bis östlich an das Ochotzkische Meer, und von Süden nach Norden von der chinesischen Gränze oder den Mongolischen Steppen bis nördlich an das Eismeer. So gering ihre Anzahl ist, so kann man doch überall in dieser ungeheuren Erdstreke, die gegen 3000 Werst in die Länge und Breite hat, auf Tungusen stoßen, vorzüglich aber in den Wäldern und Bergen welche die Flüsse Jenisej, die obere und untere Tunguska, die Lena und den Amur, die Seen Tungen und Penschinsk umgeben, so wie an einem Theil des Baikalsees, besonders in der östlichen Gegend seiner Ufer. Sie wohnen jedoch unter den übrigen Nationen, als den Buræten, und Jakuten zerstreut, wenn sie auch mit denselben keine Gemeinschaft haben. – Einige unter ihnen aufbewahrten

Traditionen zufolge haben auch ihre ältesten Vorältern in diesen Gegenden gehaust. Nun sollen sie sich nach dem Einfalle und Vorrüken der Buræten aus der Mongoley, mehr östlich und nördlich gezogen haben. So verließen auch nach

112 der Ankunft der Jakuten in der Gegend wo jetzt Jakutzk steht, einige Tungusen die mittlere Lenagegend und begaben sich mehr nach Osten, so wie auch mehr nördlich an die untere Lena bis zum Eismeer. Obschon theils aus ihrer Sprache, theils aus ihrem Ansehen so wie auch aus der Gegend ihres Aufenthaltes mit vieler Wahrscheinlichkeit auf ihre Verwandtschaft mit den jetzt das chinesische Reich beherrschenden Volkes der Mandschu geschlossen werden kann, so findet man doch unter ihnen selbst keine bestimmten Traditionen und Nachrichten, welche sich bis zu einer Epoche erstrekten, wo eine solche nähere Verbindung statt gehabt haben konnte. Selbst die Nachricht über ihre neuen Schiksale, die man unter ihnen finden kann, sind äußerst mangelhaft, und sie beweisen für ihre Geschichte nur große Gleichgültigkeit und Sorglosigkeit.

Sieben ansehnliche Geschlechter der Bargunskischen und Podgorodnischen Tungusen glauben, daß sie von einem Fürsten Kodæga abstammen, der zur Zeit der Eroberung der Russen in der Gegend des Baikalsees gelebt haben soll. Sie behaupten, daß die Russen bald nach ihrer Ankunft in der Gegend des Bargusin, diesen

113 Tungusen Kodæga in einem Walde gefangen genommen hätten. Sie hätten ihn in der Folge durch Liebkosungen zu bewegen gesucht unter ihnen zu bleiben. Der Russische Befehlshaber habe ihm den Rang eines Schulenga (einer Art von Befehlshaber oder Aufsehertitel, der unter den Burjæten auch gebräuchlich ist) beygelegt und dieser Rang und Titel sey in seiner Familie erblich geblieben, so daß der Sohn dem Vater, oder, wenn dieser ein ungeschikter Tölpel ist, der nächste Anverwandte dem Verstorbenen in dieser Würde folgte. Von diesem tungusischen Fürsten nun behaupten sie, stammen zunächst die Meisten der dem russischen Scepter unterworfenen Tungusengeschlechter ab, – wodurch sie ihm wahrscheinlich zu viele Ehre erweisen. –

Obgedachter Kodæga ist vielleicht mit dem kleinen Fürsten Kotuga eine Person, von welchem bald die Rede seyn wird, und welcher im Jahre 1647 der Anführer der den Kosaken Ataman Kolesnikoff[279] angreifenden Tungusen war. Er wurde von selbigem besiegt und zur Unterwürfigkeit gebracht. Alle im Irkutzkischen Gouvernement wohnenden Tungusen betragen nach den neuesten Revisionen nicht mehr als die Anzahl von 15161 männlichen Seelen.

---

279   [russ.: Василий Колесников.]

114 Ereignisse bey ihrer Unterwerfung
Auch von den Ereignissen welche die Geschichte ihrer Unterwerfung von den
Russen begleiteten, hat man nur fragmentarische Berichte. – Eine unter ihnen
gangbare Sage giebt von ihrer Überwindung an der Lena durch die Jakuten
folgende Auskunft. „Als die Jakuten auf dem Lenaflusse herabschwammen
und ohnweit der Mündung des Kotomi, südöstlich zwischen den Flüssen
Witim und Olekmi, welche sich ebenfalls in die Lena ergießen, ankamen, so
widersetzten sich die dort einheymischen Tungusen der Ankunft und dem
weiteren Zuge der Jakuten mit Gewalt. Es entstand ein Gefecht, wobey aber
die Tungusen selbst überwunden wurden". Sie zeigen noch die Stelle, auf
welcher dieses Gefecht geliefert wurde, allein die Zeit, in welcher dasselbe
vorfiel, wissen sie nicht genau zu bestimmen. –

Die erste Nachricht von dem Flusse Jenisej und von denn an demselben
wohnenden Tungusen erhielten die Russen im Ketzkischen Ostrog[280] im Jahre
1604, und in dem nämlichen Jahre wurden mehrere derselben von einigen aus
dem Städtchen Mangasei auf dem Niederen Tunguskaflusse abgeschikten
Kosaken in Tribut gesetzt. Man nahm damahls

115 von 19 Indi[vi]duen 2 Zobel auf die Person als Tribut. Im Jahr 1611 waren 8 große tungusische Familien die aus 45 Personen bestanden mit Tribut
belegt, die ebenfalls jeder zu 2 Zobel liefern mußten. Manche gaben den Kosaken [Zusatz: willkürlich] freywillige Geschenke um sich von einer regel-
mäßigen Belegung eines jährlichen Tributs loszumachen. Ihre Unterwerfung
ging daher anfangs nur langsam von Statten und die Anzahl der Unterworfenen verminderte sich statt sich zu vermehren, so daß man in den folgenden
Jahren 1615 bis 1619 in den Registern nur 17 tributleistende Tungusen, welche 2 Familien bildeten, findet. – Erst im Jahr 1620, nachdem einige stehende
Wintergebäude für die Tributeinnehmer an der Niedern-Tunguska erbaut
wurden, konnte ein regelmäßiger Tribut auferlegt und eingezogen werden. Im
Laufe dieser Jahre ereignete sich sowohl am Jenisej als auf andren Seiten verschiedene kleine kriegerische Begebenheiten. – Uinuk, ein Tunguse hat viel
zur Unterwerfung seines Volkes beygetragen. Im Jahr 1608 brachte er nach
dem Ketzkischen Ostrog die Nachricht, daß die Tungusen unter der Anführung eines kleinen Fürsten Danula[281] am Jenisej in der

116 Gegend von Kusnetzk sich versammelt und sich vorgenommen hätten,
bey der künftigen Einziehung des Tributs alle Russen bis auf einen Dollmet-
scher und einen Kosaken zu tödten, diese aber zu zwingen, ihnen als

---

280   [Кетский острог, 1596 am Ufer des Ket' (russ.: Кеть) erbaut.]
281   [russ.: Данула.]

Wegweiser auf dem Ketzkischen Ostrog zu dienen, den sie dann überfallen und erobern wollten. Sie schmeichelten sich zugleich bey diesem Vorhaben auch die Ostiaken dahin zu bringen, den Russen die zu leistende Erlegung des Tributs zu verweigern. – Auf diese Anzeige wurde im Jahre 1609 ein Haufe aus Russen und Ostiaken bestehend gegen jene Tungusen ausgeschikt und dieselben gäzlich geschlagen. Nichtsdestoweniger liefen in den Jahren 1610 und 1611 abermahls Nachrichten von der Widerspenstigkeit der Tungusen ein, welche anzeigten daß die an der Oberen Tunguska befindliche kleine Fürst Danul 300 bewaffnete Mann bei sich habe, und gesonnen sey die Ostiaken zu überfallen und sie von der Leistung des Tributes an die Russen abzuhalten. Die Gegend von Kusnetzk hat wirklich von seinen Einfällen gelitten. Im Jahr 1612 berichtete der tungusische Fürst Namak, daß seine
117 Untergebenen gesonnen seyen die Oberherrschaft der Russen anzuerkennen, den Unterthanen-Eid zu leisten. Es wurden alsbald einige Russen und Ostiaken abgeschikt um von diesem Versprechen Gebrauch zu machen und die schuldigen Abgaben als Zeichen der Unterwerfung in Empfang zu nehmen. Die Tungusen hielten jedoch keineswegs ihr gegebenes Wort, und plünderten selbst ihren Fürsten Namak, der die Einziehung des Tributs selbst betreiben wollte.

Um endlich die Jeniseiskischen Tungusen vollkommen zum Gehorsam zu bringen und sie in dem gehörigen Respekt zu erhalten, beschloß man zwey Ostroge in jener Gegend zu erbauen und vertraute die Ausführung dieses Vorhabens im Jahre 1616 den beyden Bojarensöhnen Albitscheff[282] und Berkin [an]. Die Tungusen wollten sich diesem Erbauen der kleinen Festungen widersetzen, wagten sogar im Frühjahr von 1619 einen Anfall auf den Makowschen Ostrog, wurden aber zurückgeschlagen und es gelang endlich auch am Flusse den Ostrog Jeniseisk da, wo jetzt noch die Stadt dieses Namens steht, zu erbauen.

118 Im Jahre 1620 unterwarf sich der an der Oberen Tunguska herumziehende Fürst Peltin, der im Jahre 1621 für 6 Seelen 45 und an 1622 für 9 Seelen 94 Zobel zahlte. Die Russen berechneten damahls jedes Haupt einer Familie mit dem Namen eines Fürsten (Knæs, Knæsetz). Noch gab es darnach in dieser Gegend manche freye Tungusen, allein öffters gegen sie ausgeschikte Streifpartheyen brachten endlich eine Familie nach der anderen zur Unterwerfung. Folgendes mag zum Beweise dienen wie Viel es damahls noch in dieser Gegend Pelzwerk gab. Im Jahre kam der Kleine Fürst Terei mit 4 Mann

---

282   [russ.: Петр Албычев. Vgl. G. F. Müller: *Sammlung Russischer Geschichte* VIII, 108–112.]

nach Jeniseisk und brachte 30 Zobelbälge, einen ganzen Zobelpelz und ein aus Zobelfellen verfertigte Einfassung von Schlittschuhen. Im Jahr 1623 gab der tungusische Fürst Insopri 20 Zobel 2 Zobel-Pelze, 11 Zobel-Schwäntze und 2 Einfassungen von Schlittschuhen, die aus Zobel die andere aus Biberfell bestand. – Allmählich waren also Alle an dem Flusse Tete, der oberen und unteren Tunguska wohnenden Tungusen zum Gehorsam gebracht, und der gewöhnlich jährliche Tribut wurde damahls auf 10 Zobelfelle von jeder männlichen Seele festgesetzt.

119 Im Jahre 1624 wurde der Strelitzenhauptmann Savin aus Jeniseisk abgeschikt. Als er in der Gegend ankam, wo späterhin der Ostrog Ribinsk erbaut wurde, überfiel ihn jählings verrätherischer Weise der Fürst Tatschejo, der sich früher schon unterworfen hatte und machte einige von seinen Kosaken nieder. Savin gewann aber noch Zeit sich mit dem Überrest seiner Kosaken in einer von Brettern zusammengeschlagenen Hütte zu verstekken, wo er 6 Tage lang bis zum Abzuge der Tungusen zu sitzen gezwungen war. – Im Jahre 1625 wurde der Attaman Basili Tumenetz mit 25 Mann beordert obgedachten Tatschaja zum vorigen Gehorsam zu bringen. Als dieser auf seinem Zuge auf dem Flusse Tschume herabschiffte und an einem großen Wasserfall ankam, über welchen die Böte mit der größten Beschwerlichkeit geschleppt werden mußten, und wo der Fluß zwischen enge Ufer zusammengedrängt ist, die beyde mit dichten Waldungen besetzt sind, so überfielen auf einmal die Tungusen aus den Waldungen heraus die Russen die aber beschäfftiget waren glücklich über die gefährliche Stelle zu kommen. Sie waren durch diesen unvermutheten Überfall

120 gezwungen sich von beyden Ufern zu entfernen und nur in der Mitte des Flusses Schutz zu suchen, wo sie Anker warfen und vom Fahrzeug aus vertheidigten. Vergebens erinnerte Savin die Aufrührer an ihre geleisteten Eyde, 4 Kosaken wurden von ihren Pfeilen durchbohrt und der 5te gefährlich verwundet. Savin wurde durch diesen Verlust zum Rükzug genöthiget. Im Jahr 1628 wurde an der nämlichen Stelle der abgeordnete Attaman Perfiljeff[283] überfallen und ihm 10 Mann verwundet und einer getödtet und konnte sich nur mit Noth aus der Klemme retten.

Im nämlichen Jahre wurde der Kosaken Desiætnik (Einer der 10 Mann komandiert) Basili Bugor[284] nur mit 10 Kosaken nach dem Flusse Ilim abgesandt um bey den dort wohnenden Tungusen Pelztribut einzutreiben. Nach einem beschwerlichen Zug auf verschiedenen Flüssen kam er endlich an die

---

283 [russ.: атаман Максим Перфильев (um 1580–etwa 1656).]
284 [russ.: Василий Ермолаевич Бугор (um 1600–1668).]

Lena auf welcher er bis zum Flusse Tschai vordrang. Überall wo er hinkam wurden die Tungusen gezwungen ihm Tribut zu zahlen.

121 Anno 1630 kam er glüklich nach Jeniseisk zurük nachdem er an der Mündung des Flusses Kirengi 4 und an der Mündung des Flusses Kata 2 Kosaken zur Eintreibung des Tributes hinterlassen hatte. Im nämlichen Jahr wurden auch die Wiljuskischen Tungusen zur Unterwürfigkeit gebracht. – Dies geschah auch in den Jahren 1636 und 1627 mit denen an den Flüssen Olenek, Aldan, und Uda wohnenden Tungusen; demohngeachtet machten sie alle zuweilen Versuche ihre Freyheit wieder zu erlangen. 1638 wurden die Wirmoiskischen Tungusen, nachdem sie vorher einige Kosaken erschlagen hatten von dem Bojarensohn Schalot überwunden und zum Gehorsam gebracht. Anno 1640 wurden den zur Einziehung des Tributes an die Lena ausgeschikten Kosaken die Bärte ausgerupft; es wurde mit stumpfen Pfeilen nach ihnen geschossen, ihnen alles geraubt und sie verhöhnt und gedemütigt nach Hause geschickt. Im nämlichen Jahre schikte man aus Ilimsk andere Kosaken dahin ab mit dem Hauptmann Witæsek, dem es durch Güte und glimpfliche Behandlung gelang der Aufrührer Meister zu werden. Ein Tungusischer Fürst Moscheul gab ihnen Begleiter zu einem Zuge nach

122 dem Baikal auf welchem er alle auf seinem Wege nomadisirenden Tungusen zur Unterwerfung brachte. Im Jahre 1643 der Desiatnik Skorochod[285] mit 36 Mann an die Ufer des Baikalsees und von da bis zur oberen Angara und es fiel ihm nicht schwer alle hier wohnenden Tungusen mit Tribut zu belegen. Nur am Bargusin begegneten ihm andere kühnere Tungusen, deren Unterwerfung mit größeren Schwierigkeiten verbunden war, und die sich wie die Buræten mit der Viehzucht beschäftigten. Er ließ zwar seiner Sicherheit wegen einige Winterhütten erbauen, in denen er den Winter überzubrachte, allein seine Kosaken wurden allmählich einzeln, wenn sie sich von ihrer Wohnung entfernten, getödtet, so daß er bis zu Ostern nur noch zwey von seinen Leuten übrig behielt, mit denen er auf einem kleinen Fahrzeug nach Baikal entkam und so glüklich war dem Schiksal seiner übrigen Kameraden zu entgehen. –

123 Erst im Jahre 1647 wurden die in der Gegend des Bargusinflusses wohnenden Tungusen von dem Attaman Kolesnikoff unter russische Botmäßigkeit gebracht und zur Erlegung des Tributs gezwungen; jedoch mußte zuerst ihr kleiner Fürst Kotugi, unter dessen Anführung sie sich den Russen widersetzten, geschlagen werden. Kolesnikoff überwinterte an der Mündung der Oberen Angara und baute daselbst einen kleinen Ostrog, den er Wer-

---

285   [russ.: Семен Скороход.]

changarskaja benannte, und in dem er 19 Kosaken zur Garnison hinterließ. Im J. 1649 kam der Bojarensohn Galkin[286] nach dem Flusse Bargusinsk, erbaute dort ebenfalls eine kleinen Festung, welche die Bargusinskische genannt und woher jetzt noch die Stadt Bargusinsk ihren Namen führt. – Von da drang er weiter vorwärts bis zum Flusse Schilka, brachte alle dort wohnenden Tungusen zur Unterwürfigkeit. I. J. 1653 wurde der Ostrog Irgenskoj[287] erbaut

124 und die umher wohnenden Tungusen zu Unterthanen gemacht. Dies geschah durch den unternehmenden Bojarensohn Peter Beketoff, der auch in eben demselben Jahre den Nertschinskischen Ostrog am südlichen Ufer der Schilka anlegte. Allein auch hier bedachten sich die Tungusen, die Anfangs freywillig den Tribut zahlen wollten, bald eines Anderen. Sie umrungen und belagerten Beketoff in jener Festung und machten i. J. 1654 mehrere Anfälle darauf, es gelang ihnen aber nur den Belagerten einige Pferde abzujagen, und das ausgesäete Korn zu zerstören. Dieser Schaden war aber für Beketoff wichtig genug, indem er dadurch dem Mangel an künftiger Nahrung ausgesetzt wurde, und daher sich genöthigt sah diese Stellung zu verlassen. Er zog nach dem Amurflusse und nach seiner Entfernung wurde der Ostrog von den Tungusen zerstört. An dessen Stelle erbaute anno 1658 der Woiwode Aphanasi Pasikoff[288] eine andere Festung aus stehenden Balken an der Mündung der Nertscha in die Schilka und gab ihr gleichfalls den Namen Nertschinsk. Diese wurde im J. 1659 als sich der

125 zur Abschließung des Friedens mit den Chinesen bestimmte Graf Golovin hier befand, umgebaut, vergrößert und zum Rang einer Stadt erhoben. I. J. 1660 überfielen 4 Familien der Nertschinskischen Tungusen einige in Diensten der Krone stehenden Leute, tödteten dieselben, nahmen ihr Vieh mit sich fort, wurden aber von den ihnen mit 50 Mann nachsetzenden Bojarensohn Luschakoff eingehohlt, geschlagen und zur Zahlung des Tributs gezwungen nachdem man ihnen zu mehreren Sicherheit Geißel abgenommen hatte. – Dies waren ohngefähr die vergnüglichsten und letzten freundlichen Ereignisse, welche zwischen den Russen und Tungusen statt fanden. Die übrigen mehr östlich wohnenden Nomaden dieses Volkes unterwarfen sich in der Folge ohne Widersetzlichkeit den immer weiter vordringenden Eroberern Sibiriens. –

---

286   [russ.: Иван Галкин.]
287   [Иргенский острог, 1653 gegründet.]
288   [russ.: Афанасий Пасиков.]

Obrigkeit

Der Vater der Familie beherrscht seine Weiber und Kinder und ist anerkannter Befehlshaber darüber, er hat das Recht sie für Verfehlungen und Ungehorsam am Leib zu bestrafen.

126 Mit einem gleichen Ansehen und Rechte nur in weiterer Ausdehnung wird ein Geschlecht, aus mehreren Familien bestehend, von einem Daruga regiert. Über mehrere [-----] Geschlechter herrscht noch bey den Steppentungusen ein Tojon, der auch den Tribut eintreibt und denselben den russischen Kronsbeamten zustellt. Die Darugen und Tojonen werden von ihnen gewählt und alsdann der höheren russischen Obrigkeit zur Bestätigung vorgestellt. Diese ihre Oberen entscheiden in erster Instanz alle ihre Streitigkeiten und kleinere Vergehungen bestrafen sie. Wenn aber die beyden streitigen Partheyen mit dem gefällten Urtheil unzufrieden sind, so wenden sie sich an das nächste russische Kreisgericht, von welchem dann die weitere Entscheidung des Streites so wie die Bestrafung größerer Verbrechen, als Todschlag u. dergl. abhängt.

Religion

Nur sehr wenige von den Nertschinskischen Tungusen bekennen sich seit den neuren Zeiten zur lamaitischen Religionslehre, die sie von ihren Nachbarn den Buræten, bey welchen der Lamaismus so große Fortschritte gemacht hat, angenommen haben. – Alle übrigen sind den Vorurtheilen und dem Aberglauben des Schamanismus ergeben.

127 Gesetze

Ihre gewöhnlichsten Gesetze haben sie von ihren Vorfahren durch Hörensagen und sie werden weiter mündlich fortgepflanzt und den Nachkommen übergeben. Wenn sich ein Todschlag im Streit durch eine Art von Duell ereignet, und sie denselben vor der russischen Obrigkeit geheim halten können, so bestrafen sie den Thäter hart am Leibe und zwingen ihn die zurückgebliebenen Wittwe des Getödteten und seine Kinder zu unterhalten. – Für eine Prügeley bestraft der Älteste der Familie den Thäter mit Ruthenhieben, oder leichter Prügel mit einem Stöckchen, eben so wird auch ein Diebstahl bestraft, wobey aber der Dieb noch [----] das Gestohlene ersetzen muß. – Für Nothzüchtigung und Ehebruch wird nur das Männliche Geschlecht bestraft und zwar so, daß der Thäter im erstern Fall dem Vater der genothzüchtigten Tochter und im zweyten dem Manne der Verführten Frau eine durch eine gemeinschaftliche Abmachung zu bestimmende Summen geben muß.

128 Die Söhne eines Verstorbenen sind angehalten die Mutter oder erste Frau des Toden zu erhalten. Wenn aber keine Söhne da sind, so treten die nächsten männlichen Verwandten als Erben ein. In solchem Fall kann der Erbe die Frau des Verstorbenen verhandeln, wenn sich ein anderer um sie bewirbt, jedoch nur mit ihrer Einwilligung. – Die Verwandten der nachgebliebenen Frau dürfen dieselbe aber ohne besondere Einwilligung der Erben nicht wieder zu sich zurüknehmen. – In Fällen wo eine gerichtliche Entscheidung einen Eyd erfordert, wird der Tunguse welcher denselben leisten soll, zu einem Schmiedehammer, zu den Blasbälgen einer Schmiede, zu einer Flinte an einem Pfeile geführt, wobey er schwört, daß im Falle er Unwahrheit sage, er begehre und wünsche, daß er vom Schmiedehammer zerschmettert, von dem Blasebalg bis zum Zerplatzen ausgedehnt, von der Flinte und dem Pfeile aber erschossen werden möge.

129 Da sie für ihre Religionslehre und Begriffe keine geschriebenen Vorschriften und Gesetze haben, so kann es nicht ermangeln, daß sowohl der Glaube der Layen als die Meynungen der Schamanen auf schwachen und schwankenden Stützten ruhe. Fast jeder Schamane verehrt andere Geister und Gottheiten, von denen ein Anderer gar Nichts weiß, und wenn sie einigen auch die nämlichen Benennungen beilegen, so schreiben sie ihnen doch wieder verschiedene Eigenschaften zu. Äußerst beschränkt sind die religiösen Ansichten der gemeinen Tungusen. Im Ganzen kann man behaupten, daß sie gar keine Religion haben. Ein Jeder befolgt die Gebräuche mit denen der Zufall oder irgend ein Schamane ihn bekannt gemacht hat, und die ihm gerade die besten zu seyn scheinen. Wenn es hierin etwas Rühmliches unter ihnen giebt, so ist es die Toleranz, welche sie unter sich über die Verschiedenheit der herrschenden angenommenen Begriffe und Meynungen in dieser Hinsicht beobachten, dadurch wird weder Haß noch Neid erwekt, noch plagt sie deßhalb irgend eine Gewissensunruhe, sondern sie überlassen die Verantwortung ihrer Ansichten über die Gottheit getrost ihren Schamanen. – Die Freyheit hierin geht so weit, daß Einige von ihnen, die zufällig durch ihre

130 Umgang mit den Russen von den Wunderthaten des heiligen Nicola gehört haben, denselben als einen der großen Götter und selbst als Schöpfer der Welt verehren. Seiner Macht schreiben sie die Entstehung und Gestaltung des Lebens zu, von ihr sollen Krankheiten, Todt, Reichthum und Armuth, kurz Glück und Unglück der Menschheit abhängen. Daher sie denn auch bey eintretenden Unglücksfällen, Krankheiten, Viehseuchen u.s.w. diesen Heiligen um Hülfe anflehen, für das Bildniß desselben, Pelzwerk, Geld hinlegen [?] oder ihr Vieh hinstellen um seine Gnade zu erflehen. – Diejenigen aber, welche das Glück hatten, von ächten, nach ihrer Art gründlich gelehrten Schamanen in der Lehre des Glaubens unterrichtet zu werden, haben einige Begriffe von einer Oberen Gottheit, von der Schöpfung, von einem guten göttlichen Wesen und einem bösen Prinzip. – Ihre gangbarsten Begriffe und Ideen hierüber sind im Allgemeinen folgende. „Ein allgemeiner leerer Raum, in welchem sich jetzt die verschiedenen Körper befinden, war im Anfang mit Wasser gefüllt. Gott, welchen sie eben so wie wir

131 als ein ewiges Wesen anerkennen, gefiel es, Feuer auf das Wasser herabzu[lassen], worauf, nach langem Streit unter den beyden Elementen, das Feuer die Oberhand behielt und einen Theil des Wassers verzehrte. Hiedurch entstand eine feste Masse, nämlich die jetzt existirende Erde, die wir bewohnen, und aus dem übriggebliebenen Wasser die Ströme, die Seen und das Meer. Hierauf kam Gott selbst auf die Erde und begegnete dort dem bösen Geist (im Begriffe unserm Satan ähnlich) welcher sich ebenfalls mit der Erschaffung der übrigen Welt befassen wollte. – Daraus entstand unter Beyden ein Kampf der Kräfte und da die Gottheit das böse Prinzip nicht ganz vertilgen konnte, so erfreute sich der Satan Alles, was Gott noch schuf zu zerstören und zu verderben. Er vernichtete zuletzt eine von Gott gemachte Zauberzitter von 12 Saiten, worüber das höchste Wesen sehr erzürnte.

132 Hierauf bot die Gottheit dem Satan eine Wette an und sprach zu ihm. Wenn er befehlen könne, daß aus der See eine große, schöne Tanne wüchse, so würde er sich ihm unterwerfen und auf das Schöpfungsgeschäft Verzicht thun, wenn aber im Gegentheil er selbst (die gute Gottheit) dieses Werk hervorbringen würde, so soll der Satan ihn für den Meister und Herrn erkennen. – Diese Wette wurde von dem bösen Geiste angenommen und nach geschehener Übereinkunft befahl Gott, daß aus der See sich die Tanne erhebe, welche auch sogleich in der wohlbekannten Größe und Schönheit hervorwuchs. Jene hingegen welche durch die Macht des Satans hervorkam, war klein und unansehnlich, wollte nicht aufrecht stehen und wankte hin und her. Da erkannte das böse Prinzip seine Schwäche und beugte sein Haupt vor Gott, der seine Hand auf den Kopf des Satans

133 legte, wodurch der Schädel des Berührten sich in einen eisernen verwandelte. Hievon empfand der Satan einen unausstehlichen Schmerz und war selbst nicht im Stande sich davon zu befreyen. Er sah sich gezwungen Gott um die Befreyung von dieser Qual zu bitten. Die All-Güte der Gottheit, die selbst den Feinden Gutes thut, hatte Mitleid mit dem Teufel und ließ sich bewegen ihn von seiner Pein zu erlösen. und versprach ihm zugleich ihn ferner in der Welt zu dulden, wenn er der Menschheit kein Leid zufügen würde. – Nach dieser Geschichte der göttlichen dem bösen Geist ertheilten Verzeihung entschloß sich Gott die Menschen zu schaffen. Er nahm zu diesem

Werke von Osten das Eisen, von Süden das Feuer, von Westen das Wasser, von Norden die Erde, – und machte aus der Erde Fleisch und Knochen, aus dem Eisen das Herz, aus dem Feuer die Wärme und aus dem Wasser das Blut und brachte aus dieser Verbindung den Menschen hervor und zwar einen Mann und ein Weib. – Nach Vermehrung

134 des menschlichen Geschlechtes verlangte der Teufel die Hälfte davon für sich; allein das höchste Wesen verweigerte sich ihm die dieselbe lebendig zu überlassen, gab ihm aber das Versprechen, daß diejenigen, die tugen[d]haft auf Erden leben würden, er zu sich in die Höhe nehmen würde, die Lasterhaften wollte er aber ihm, dem Gerichte und der Strafe des bösen Geistes, in der Kluft der Erde übergeben. Im Inneren der Erde denken sie sich eine Art von Hölle, die aus 12 Abtheilungen oder großen Gruben bestehe und in derselben werden die sündigen Verstorbenen mit verschiedenen Qualen gepeinigt, als mit Feuer, siedendem Pech, von reißenden Hunden u.s.w. Der Oberste Gott, den sie Buga oder Boa nennen, nämlich denjenigen, der auf die eben angezeigte Weise die Welt erschaffen hat, wohnt in den Wolken umgeben von einer Menge übriger Gottheiten und Geister, guten sowohl als bösen, die ihm untergeordnet sind, und von denen er jedem sein eigenes Geschäft überträgt. –

135 Einige behaupten, daß man Gott nicht sehen, viel weniger sich von ihm eine Vorstellung machen könne. Andere hingegen stellen das Oberste Wesen in der Form eines Götzen in einem schamanischen Anzuge vor. Unter allen untergeordneten Gottheiten ist ihnen die Sonne die Vornehmste, der sie daher auch die größte Ehrerbietung erweisen, sie wird von ihnen als ein länglichstes Menschengesicht abgebildet. Hierauf folgt der Mond, die Sterne, die Erde, das Feuer, die Wald- und Berggötter, die Götter der Seen und Flüsse, des Wildfanges und des Hornviehs, der Rennthiere, der Wurzeln und Kräuter und endlich die Penaten oder die Götter der häuslichen Angelegenheiten. Gelban und Koabulikan sind Gottheiten, welche mehr dem weiblichen Geschlechte, in denen den Frauen eigenen Bedürfnissen, und Krankheiten zugethan sind, so wie auch die Götter Ajugin, Mikin und Mundi häusliche Götter sind.

136 Böse Gottheiten oder Geister (Buki) welche unter verschiedenen Namen in Wassern, Wäldern und in der Erde ihren Aufenthalt haben sollen, giebt es in einer sehr großen Anzahl, sie finden ihr Vergnügen daran den Menschen in ihren Unternehmungen hinderlich zu seyn, sie zu nekken, oder zu bestrafen, können aber den wahrhaft tugendhaften keinen wesentlichen Schaden zufügen. Ein jeder Schamane hat unter dieser Menge von Gottheiten seine eigenen Bekannten und Freunde, welche sie bey ihren Zaubereyen und Gebeten zu

Hilfe rufen, oder sie versuchen ihre Verfolgungen einzustellen und gnädig zu seyn. –

Die Nertschinskischen Tungusen haben eine besondere Verehrung für einen großen Stein, der auf der Bargusin'schen Seite des Baikalsees sich befinden und unter ihnen unter dem Namen des Geister-Steins bekannt seyn soll. Wahrscheinlich hat diese Art von Verehrung mit derjenigen Ähnlichkeit, welche die Buræten ehemahls dem Steine, der sich an dem Ursprunge der Angara aus dem Baikal befindet, erwiesen haben und zum Theil noch erweisen. – Sie bringen Opfer auf jenem

137 Steine, schwören Eide bey ihm, und ein Tunguse, welcher eine untreue Frau hat oder selbst untreu ist kann nicht ohne nachtheilige Einwirkung des fürchterlichsten Geistes, welcher diesen Stein bewohnt, den über denselben gehenden Weg wandern oder unbestraft vorbeyziehen.

Die Bilder ihrer Götzen werden von den Schamanen aus Holz, Eisen, Kupfer Blei und Steinen verfertiget und in Mancherley Gestalten von verschiedener Größe als Menschen, Wilde Thiere, Fische und Vögel vorgestellt.

Sie erwarten zwar nach dem Tode ein anderes Leben, bekümmern sich aber wenig darum. Der größte Theil von ihnen glaubt daß das Leben jenseits des Grabes eine Fortdauer des Erdenlebens sey, wo nur unsere irdischen Genüsse vervielfältiget werden und leichter zu erhalten sind, daß man z.B. dort jage, Fische, schmauße und etwa auch – Branntwein trinke –. Ihren Gottheiten oder vielmehr Götzen erweisen sie ihre Ehrfurcht durch Gebete und Opfer. Sie beten gewöhnlich indem sie beyde Hände zusammengelegt gegen Osten aufwärts zum Himmel halten und sich dabey tief bis zu Erde neigen, wobey sie ihre Wünsche

138 und Bedürfnisse hererzählen. Derjenige z.B. der auf die Jagd geht bittet „Gieb mir Gesundheit und Vieles Wild oder viele Zobel". Ein Anderer bittet um viele Fische u.s.w.

Ihre gewöhnlichsten Opfer bestehen in folgenden Ceremonien. – Sie schlachten ein Stük Vieh oder ein Rennthier, von welchem sie etwas Blut und Fett in's Feuer werfen, und auch mit demselben ihren Götzen den Mund beschmieren, das Fleisch aber selbst verzehren.

Ihre Schamanen sind entweder verheyrathet oder ledige Männer, und die weiblichen entweder verheyrathete Frauen oder Mädchen. Sie erheben sich zu dieser Würde willkührlich indem sie die Leichtgläubigkeit des Volkes zu benutzen trachten. Derjenige, der als Schamane auftreten will, braucht blos bekannt zu machen, daß ein verstorbener Schamane ihm im Traum erschienen sey und ihm gerathen oder befohlen habe den Stab eines Schamanen zu ergreiffen und ein Helfer und Tröster der Menschen zu seyn. Er wird auf sein

Vorgeben alsbald in dieser Würde anerkannt. Die Schamanen sind bey ihnen in großem Ansehen und nehmen nach den zur weltlichen Obrigkeit gehörigen Personen den ersten Platz ein. Die Kleidung eines Schamanen diejenige nämlich, deren

139 sie sich bey ihren Amts-Geschäfften und Zaubereyen bedienen, ist aus Fuchsfellen bereitet und in der Form dem Oberkleide ähnlich, welches die Diakone in der griechischen Kirche beym Gottesdienst tragen. Dieses Kleid ist aber eisernen Bändern und Ringen, mit kleineren und größeren Schellen, Götzenbildern von Eisen oder Kupfer, Glökchen und anderen lärmmachenden Kleinigkeiten, welche sie nur immer auftreiben können, rund herum besetzt und behangen. Jemehr der Schamane bey der Ausübung seines heiligen Geschäfftes Lärm macht, desto mehr wird er geachtet und für desto wirksamer werden seine Gebete und Zaubereyen gehalten. Eine solche Kleidung kann bis zu 80 Pfund und darüber schwer seyn. – Wenn er als Schamane in Thätigkeit auftritt, hält er noch in seinen Händen 2 große Hirtenstäbe an welchen die Handgriffe als Pferd oder Rennthierköpfe durch Bildhauerarbeit aus geschnitten sind. Auch diese Stökke sind mit vielen Schellen, Glökchen, eisernen Stäbchen, Ringen, Nägeln u. dergl. behangen, um beym Schütteln derselben ein lärmendes Geklirre zu verursachen. Sie glauben daß durch dieses Gerassel ihr beym Schamanisiren üblichen sonderbaren Leibesbewegungen und mühsamen Sprünge mehr Eindruk auf die Anwesenden machen müsse. Sie bedienen sich bey ihrem tobenden Geschäfte auch noch einer Trommel, einem Tambourin nicht

140 unähnlich. Sie besteht aus einem ovalen breiten Reifen, der nur von einer Seite mit einem Felle überzogen ist. –

Sie wissen die Leichtgläubigkeit und das Zutrauen der Tungusen sehr gut zu ihrem Vortheile zu benutzen, indem sie gewöhnlich solche Dinge und Ereignisse voraussagen, die jeder zu wissen wünscht, wofür sie ansehnliche Geschenke erhalten. Wenn eine von ihren Wahrsagungen nicht erfüllt wird, so wissen sie sehr geschikt die Schuld auf den Fragenden zu schieben. – Wenn ein Schamane sich durch seine Wunderthaten bey der Nation in Ansehen gesetzt hat, und z.B. einen gehabten Traum erzählt, wodurch ihm von den Geistern angezeigt wurde, daß man zur Heilung irgend einer Krankheit, oder als Opfer, ein Pferd oder ein anderes Hausthier schlachten müsse (wobey er nicht vergißt die Farbe von welcher das Thier seyn muß, anzuzeigen) so wird dies ohne Widerrede augenbliklich befolgt. Bey Opfern dieser Art zeichnet sich der Schamane besonders durch seine Aktivität, seine Gestikulationen und seinen Hokuspokus aus. Er stellt sich als wäre er vom Teufel besessen, macht um das Feuer in der Hütte mehrere Purzelbäume

141 und wunderliche Sprünge jeder Art, seufzet, stöhnt und heult. – Um den Layen noch mehr Bewunderung für die Macht einzuflößen, womit sie begabt sind, und ihr Erstaunen durch Wunderthaten zu erregen stechen sich die Schamanen mitten in dem wüthenden Eifer womit sie ihre Hexereyen betreiben, Messer in den Leib oder verwunden sich scheinbar mit 1 Pfeile, von welchen Stichen man nach Beendigung des Zaubertanzes Löcher in den Kleidern erblikt. Sie behaupten daß die erhaltenen Wunden durch die Macht ihrer Zauberkünste alsogleich geheilt seyen. Man erzählt auch von einigen Schamanen die ihre Köpfe auf ein angemachtes Feuer in die Flammen halten oder auf Kohlen legen und unversehrt, selbst ohne die Haare zu verbrennen, wieder her davon entfernen[289], oder mit dem Kopf das Feuer auslöschen, das nämliche thun sie auch mit den bloßen Füßen. Es ist unbekannt welcher chemischen Bereitungen sie sich bedienen um sich gegen die Einwirkung des Feuers zu bewahren.

Bey erlittenem Diebstahl sollen sie sehr geschikt seyn den Dieb zu entdekken oder das Gestohlene, das verborgen wurde, wieder aufzufinden, daher sie hierüber gewöhnlich berathen werden.

142 In Mehreren Tungusengeschlechtern giebt es einige, die zu verschiedenen Zeiten von den Russen getauft wurden. Obschon sie aber Christen sind so leben sie dennoch mit ihren heidnischen Mitbrüdern ohne merklichen Unterschied in ihren Gebräuchen und Gewohnheiten, auch entsagen sie deßhalb nicht ganz dem Glauben an die Schamanen. Hingegen giebt es im Nertschinskischen Kreise zwey Kolonien von Tungusen, welche vollkommen Christen geworden sind und diese schon seit langer Zeit zu verschiedenen Epochen getauft wurden. Die erste heißt die Maltzoff'sche von dem über sie gesetzten ältesten Vorfahren Maltzoff sogenannt, die andere die Neronov'sche Kolonie zum Andenken der ehemaligen Jakutzkischen Erzbischoffes Innokenti[290] aus der Familie Neronov, der sich bey seiner Anwesenheit in Nerzinsk vorzüglich mit der Taufe der dort wohnenden Tungusen beschäfftigte. – Die Anzahl dieser Getauften ist jedoch unbedeutend. Mehr Aufmerksamkeit verdient die auf dem Wege nach Nerzinsk gelegene sogenannte Suchanoff'sche Sloboda,

---

289	A. d. H. Ich selbst habe einen Schamanen gesehen der auf glühend gemachten Baksteinen Minutelang mit bloßen Füßen stand und tanzte. – R.

290	A. d. H. Dieser Erzbischoff war ehemahls als Priester bey der russischen geistlichen Mission in Pe-kin. Später wurde er zum Bischoff in Irkutsk ernannt, wo er sich durch seinen musterhaften Lebenswandel auszeichnete. Man will nach langer Zeit seinen Körper unversehrt im Grabe gefunden haben, daher er vor einigen Jahren von dem heiligen Synod zu Petersburg in die Zahl der Russischen Heiligen aufgenommen wurde. – R.

wo in größerer Anzahl getauften Tungusen angesiedelt sind. Die Ansiedelung des christlichen

143 Tungusendorfes wurde von einem ehemahls in diesem Ort wohnenden Russischen Priester Namens Kyrilla Suchareff gestiftet. Er war früher wandernder Kaufmann und seine Handelsgeschäffte führten ihn oft in die Gegend von Nerzinsk zu den dort herumziehenden Tungusen. Es gelang ihm Gelegenheit und hinlängliches Vertrauen zu finden, Einige von dieser Nation zur Annahme der Taufe und zur Veränderung des Nomadenlebens zu bereden. Er erhielt von der Regierung die Erlaubniß die obengedachte Sloboda anzulegen und erbaute im Jahre 1712 einige Bauernhäuser in welche er Tungusen einsetzte und sie mit Vorschüssen von seinem eigenen Vermögen zu ihrer anfänglichen häuslichen Einrichtung unterstützte. Die Anzahl dieser Häuser ist schon, ohne die bey dem Ort befindlichen Jurten zu zählen, gegen 40 gestiegen. Erst im Jahre 1776 wurde in diesem Ort eine hölzerne Kirche erbaut, jetzt wird aber eine schöne steinerne Kirche beendiget, welche theils auf Kosten der Regierung theils aus milden Beyträgen von rechtgläubigen Christen erbaut wurde. Das Haupt und der Älteste Hirte dieser christlichen Kolonie war lange der obgedachte Kaufmann Suchareff[291], der aus Religionseifer in diesem Bekehrungsgeschäffte mehr Vergnügen als in seinem Handel fand.

144 daher er auch den geistlichen Stand annahm und einen seiner Brüder, ein anderer Kaufmann Namens Basilii Beresin[292] bewog ein Gleiches zu thun. Dieser wurde ebenfalls Priester, theilte sein Vermögen mit ihm zur Ansiedlung der getauften Bekehrten und leißtete ihnen in seinem heiligen gottsgefälligen Werke die thätigste Hilfe.

Die Eintracht, Gutherzigkeit dieser Leute und der gemeinschaftliche Beystand den sie sich wechselseitig leisteten ist bewunderungswürdig und ein wahres Muster von christlicher Bruderliebe. – Es läßt sich mit vieler Wahrscheinlichkeit erwarten, daß in der Folge diese Kolonie noch immer blühender werden möge, und selbst auf die übrigen nomadisirenden Tungusen in jener Gegend allmählich einen heilsamen Einfluß äußern werde, indem sie nämlich durch den zunehmenden Wohlstand dieser Anlage immer geneigter seyn werden ihren Nomadenzustand mit dem Akerbau und ihr Heidenthum mit der christlichen Religion zu vertauschen. In die mehr östliche Gegend und am Ochotzkischen Meere ist hiezu jedoch noch sehr wenig Hoffnung, da die dortigen Fischtungusen viel unwissender und roher sind als die Nert-

---

291 [Кирилл Васильевич Суханов, 7. Jan. 1741–15. Aug. 1810. Vgl. *RBS* 20.1912, 187–188.]
292 [russ.: Василий Березин.]

zinskischen Steppentungusen. In dieser Sloboda und in den zwey erstgenann-
ten kleinen Kolonien beträgt die Anzahl der getauften männlichen Seelen
schon über 600 ohne die Weiber und Kinder zu rechnen.

145 Zeitrechnung

Das Sonnenjahr der Tungusen besteht eigentlich aus 2 Jahren, eines nennen
sie das Sommer und das Andere Winterjahr. Beyde zusammen betragen 18
Monate. Jeder Monat nimmt mit dem Neumonde seinen Anfang. Ihre Tage
haben folgende Benennung:

Sonntag	Azija
Montag	Jumija
Dienstag	Ankirak
Mittwoch	Barchakasbadi
Donnerstag	Jimgura
Freytag	Sanitzar
Sonnabend	Binba

Von der hingegangenen Zeit haben sie im Allgemeinen wenige oder gar keine
Begriffe. Gewöhnlich ist die Epoche unbestimmt von welcher an sie die Jahre
ihres Alters bestimmen. Gewöhnlich zählen sie ihre Lebensjahre nach der
Anzahl des geleisteten jährlichen Jassaks (Tributs an Pelzwerk). So vielmal
nämlich einer den Tribut entrichtet hat, so viel Jahre seines Alters zählt er.
Die Weiber bestimmen ihr Alter nach dem Alter derjenigen Männer, welche
mit ihnen in einem Jahre gebohren wurden. –

146 Reise vom Aldamischen Hafen nach Ochotzk

Sonnabend den 4ten August. Die Hauptvorbereitung zur Reise bestand in dem
Schlachten zweyer Rennthiere und in dem Anschaffen der Fischprovisionen
um auf dem weiteren Zuge hieran keinen Mangel zu leiden. Hier bedient man
sich nun gar keiner Pferde mehr und wir setzten unsere Reise insgesamt auf
Rennthieren fort. Wir hatten 30 Rennthiere für unsere Bagage, 6 Rennthiere
für uns selbst zum Reiten, 7 Rennthiere für die Führer, in Allem 43. –

Wir nahmen den Weg längst der Meeresküste, und passirten folgende
kleine Flüßchen, die auf dem Gebirge entspringen und sich theils in den
Aldamschen Hafen, theils in das Meer ergießen. Bolgirkan, Algalik, Chuka –
Urnul. Dann näherten wir und wieder etwa auf 10 Werst dem Jablonoi Chrebet, dessen Richtung fast parallel mit dem Wege läuft und hier beginnt eine
vortreffliche Erndte. *Rhododendron Camstaticum – folia sunt petiolata et*

aucta in nonnullis Speciminibus – crescit haud procul a mare in planitie saxis referta – cum Lilio Camchatense – Der von den Tungusen gegesen [!] wird – **147** *Cherleria sedoides? deflorata – Pinguicula (glandulosa mihi. si planta nova) Anemone Narcissiflora Pedicularis.* – An der Meeresküste wächst viel kümmerliche Pinus Cembra. Im Meere spielten Seehunde längst dem Ufer. – Nach der 10ten Werst zieht man vor einem See vorüber, der an 9 Werst lang ist.

Wir übernachteten auf der 15ten Werst, weil wir die Mündung des Alkans nicht mehr erreichen konnten, welche noch 5 Werst von hier entfernt ist. Das Jablonoi Chrebet wird von den Tungusen auch Tschuktschu genannt.

Sonntags den 5ten August
Der Unterleutnant Tschertov der uns begleitet hatte nahm von uns Abschied und kehrte nach der Mündung des Aldams zurük. Wir setzten unserer Reise von einigen tungusischen Fürsten begleitet fort, welche Ehre wir wahrscheinlich ihrer Hoffnung sich Branntwein verschaffen zu können, verdankten. Sie geben mit Freuden das letzte weg, wenn sie nur diesen dafür eintauschen können, daher die armen Menschen von reisenden, russischen Kaufleuten oft erbärmlich betrogen und geplündert werden. An der Mündung des Ulkam waren jetzt nur 2 Tungusische Jurten, deren Bewohner sich mit dem Fischfang abgaben. Es kommen hier diejenigen Fische her, welche man im Aldam findet. –

148 Der Fluß Ulkan[293] entspringt im Jablonoi Chrebet ist zuweilen sehr seicht und aus [?] an seiner Mündung von einer etwas beträchtlichen Breite. Saritscheff[294] hat ihn in seiner Reise beschrieben. Zu einem Hafen ist dieser Ort seiner Mündung völlig untauglich. – der Weg führt nun nicht mehr längst dem Meere, sondern an der Seite des Ulkan-Flusses aufwärts, den wir in der Entfernung von einigen Wersten von seiner Mündung durchritten, welches nicht ohne Gefahr wegen des gerade jetzt wasserreichen und reißenden Stromes geschehen konnte. Auf den Rennthieren verliert man gar leicht das Gleichgewicht bey solchen Gelegenheiten, wenn man nicht an diese Art des Reitens gewohnt ist. Ich mußte jeden Augenblik befürchten vom Rennthier in's Wasser zu fallen und vom Strom fortgerissen zu werden. Man nimmt zwar

---

293   [russ.: улкан.]
294   [Gavriil Andreevič Saryčev: *Achtjährige Reise im nordöstlichen Sibirien, auf dem Eismeere und dem nordöstlichen Ozean;* mit schwarzen und illuminirten Kupfern. Aus dem Russischen übersetzt von Johann Heinrich Busse. Leipzig: Rein 1805–1806. 2 Bde.]

zuweilen einen langen Stab als Stütze mit und um die Tiefe des Wassers zu sondiren, allein die Strömung des Flusses war zu schnell, als daß uns dieser hätte viel helfen können, weil das Wasser ihn beständig, wie man ihn auf den Grund setzen wollte, mit sich abwärts riß. – Die kleineren Gebirgsbäche welche wir durchritten sind in der Gegend, welche wir durchritten folgend, die Flüßchen Biasewkit – Irpani – Arinkagra. Am letzten nächtigten wir, weil es nicht anging heute noch über das vor uns liegende Gebirge zu reisen. Wir hatten nur 14 Werste zurückgelegt. – Von Pflanzen habe ich keine neuen bemerkt. Es bleibt sich die Flora gleich mit Ausnahme des *Lilii camchatici*, welches

149 nicht mehr vorkommen. Am Meere wächst eine *Pulmonaria,* vielleicht *Pulmon. maritima*? – Die mineralogische Beschaffenheit scheint auch dieselbe zu seyn. Ich bin aber an keiner nakten Stelle vorbey gekommen, außer an einem kleinen Flüßchen, an der das Innere der Bergmasse zu erkennen war. Es war eine gelbliche Masse, die verwitterte Ochra [?] mit Thon zu seyn schien.

Montags, den 6t.

Das Gebirge, über welches wir jetzt zogen, ist von keiner beträchtlichen Höhe aber dennoch zum Reisen sehr beschwerlich, weßhalb ich zu Fuß gieng. Wir verfolgten zuerst das Flüßchen Arinkagra, welches uns bis an den Gipfel des Gebirges führt, dieser ist von Bäumen entblößt und enthält die Bäume des Jablonoi Chrebet, welches überhaupt auf allen diesen Bergen, welche man nur als Zweige des großen Apfelgebürges betrachten muß, verbreitet sind. diese sind *Rhododendron Camchaticum – Bupleurum, Silene, Diapensia lapponica* etc. Hier fand sich auch *Lycopodium sanguinolentum.* – Später folgte das Flüßchen Aniari und jenseits des Gebürges das Flüßchen Nelva, welches wir bis an seine Mündung verfolgten und dann wieder eine Strekke am Meere reisten. *Lilium camschaticum* zeigt sich. Am Flusse wurde blauer Flußspath gefunden. – Jetzt kamen wir über ein zweytes Gebürge, welches nicht so hoch war aber sich mehr in die Breite ausdehnte

150 Gleich oben fanden wir zwey Stangen an einem Baume und verschiedene abgerissene Zweige an demselben. Dies deutet auf eine Gewohnheit der Tungusen sich vermittelst dieser Stangen an dem Stamm des Baumes in die Höhe zu schwingen, und ihn mit den Füßen zu berühren, wobey der Kopf herunterhängt. Sie machen dieses halsbrechende Kunststück, um für die glückliche Ankunft auf dem Berge zu danken. Es ist dies Gebirge ein Vorgebirge einer höheren und weiter gelegenen Gebirgskette. Oben war es blos mit *Pinus Cembra* bewachsen. Hier fand sich eine *Campanula* und ein verblühter

Tetradynamist, der vielleicht auch eine *Campanula* war. – Es zeigte sich bald das Flüßchen Gugdossi. Auf der anderen Seite kamen wir an den Fluß Aikan, an welchem wir übernachteten. Hier befanden sich 5 tungusische Jurten. Das Ufer bildet um die Mündung dieses Flüßchens eine Bucht, in welche sich das Meer ergießt. Ein hervorstehendes Felsengebirge heißt Mutukan. Heute wurde ebenfalls nur die geringe Tagereise von 20 Wersten zurückgelegt.

Dienstags den 7ten
Wir durchritten den Fluß Aikan welcher hier nicht tief ist. Man sieht deutlich an den Bewegungen des Wassers wie die Fische in großer Menge aus dem Meere in den Fluß kommen. Die Tungusen versichern daß keine von diesen Fischen wieder in das Meer zurückkehre.
151 Wir kamen nun über einen anderen Bergrücken und von diesem über ein ziemlich hohes Gebirge, wo der Weg äußerst beschwerlich war. Als wir den Gipfel desselben erreicht hatten, so kamen wir über eine etwa 4 Werst breite Ebene. Das Meer bleibt immer zur Rechten. Der Nebel der an diesem Tage aus den Thälern aufstieg bezog die Höhe des Gebirges, auf welcher es sehr kalt und feucht war, so daß ich meinen Pelz hervorsuchte. Jenseits an dem Fuße dieses Berges kommen wir an den Fluß Iki. Wir übernachteten jenseits demselben, und hatten heute 24 Werste gemacht.
Heute war die botanische Ausbeute reichhaltiger.

Species Andromedæ? – planta caulibus repentibus pro maxima parte deflorata – folia opposita linearia, subsessilia, dura, subtus glauca, margine revoluta more Andromedæ polyfoliæ – pedunculi aggregati – corolla campanulata Stamina quinque includem quod a genere Andromedarum plane abhorret, late tegit cacumina montium. An forsan species Diapensiæ? –

Planta Calyce diphyllo, flores Oxalides montis Jablonoi Chrebet, calys, maturante fructu, persistit, capsulam trivalvem unilocularem includem, magnis seminibus ab utraque parte compressis, refertam. – Fortasse Claytonia?[295] *–*

Rhododendron Camschaticum – ubivis fere montium incola
152 *Primula, folia radicalia apice rhomboidea profuse dentata, petioli longissimi Scapi multiflori involucra setacea.*
Carex. – Pedicularis – floribus flavis. –

---

295   [*Claytonia* L. (Portulacaceae).]

Mittwoch, den 8ten August
Nicht weit von unserem Nachtlager kamen wir über den Fluß Emkara dessen
Lauf wir verfolgten, der uns an das Ufer des Meeres führte. An der Mündung
dieses Flüßchens fingen die Tungusen Fische mit einem einfachen Netze,
welches nicht einmal die Breite des Flüßchens bedekte; dessen ohngeachtet
wurden in einer Stunde über 20 Meerfische gefangen, welche vorzüglich Keta,
Malma und Garbuschka waren. Wir ritten mehrere Werste weit längst der
Küste des Meeres. Auf einmal erhob sich unter meiner Begleitung ein Ge-
schrey und ein wohl über 20 Faden langer wallfisch zeigte sich am Meere,
der schon zum Theil in Fäulniß übergegangen war. – Unsere Hunde ver-
scheuchten einen Bären, der sich am Fette des Wallfisches labte, aber schnell
in den Wald flüchtete. Dieser fallfisch [!] soll schon im Herbste des vorigen
Jahres von dem Meere ausgewaschen seyn, hatte sich aber den Winter über
gut conservirt. Auf den Höhen des Ufers standen meistens niedrige Tannen,
an welchen die Macht des Sturmes unverkennbar war; alle waren nach einer
Seite gebogen.
153 Noch wurden die Flüßchen Ogomre und Kakolni angetroffen.

Donnerstag, den 9ten August
Wir kamen über die Flüßchen Nermolan Kitkenhan, und Tuktschi[296] über den
letzten nicht weit von seiner Mündung, wo wir die Nacht zubrachten. Man
sieht, wie wasserreich diese Gegend ist. Hier befanden sich bey unserem
Nachtlager 5 tungusische Jurten. Am Meer fand sich auf Bergen, eben aufgeblüht abermahls *Rhododendron camschaticum* und *Lycopodium rupestre*.
Eine Strekke des Ufers bestand aus stratifizirten Lagen eines dunkeln Ge-
steins, welches ein Eisenerz zu seyn schien. Am Meere fanden sich trokkene
Asterien und noch zwey andere Körper, welche ebenfalls Zoophyten zu seyn
schienen, überdies ein besonderes Convolut von Fucis, welche mir unbekannt
waren. –
Ich hatte heute Gelegenheit bey den Tungusen Rennthiermilch zu kosten, sie
schien mir weit dikker und fetter als Kuhmilch, hatte aber einen etwas salzich-
ten Geschmack.

Freitag, den 10t.
Ich sah heute wie schnell die Tungusen den Ort ihres Aufenthalts verändern,
ihre gegenwärtige Wohnung aufheben und weiter transportiren können. – Das
Haupt oder der Älteste der Tungusen, welche ihre Jurten bey unserm vorigen

---

296   [russ.: тукчи.]

Nachtlager stehen hatten, hob hier sein kleines Lager auf um weiter nach dem Ausfluß der Ulia 80 Werst von Ochotzk zu ziehen.

154 Das ganze innere Hausgeräth wurde in kurzer Zeit in kleine lederne Säcke gepackt deren Schwere für die Rennthiere berechnet war, die Jurte wurde ebenfalls aufgepackt, welches sehr leicht zu bewerkstelligen war, weil sie aus Birkenrinden bestand, welche mittelst Gelenken oder Charniren von Rennthierleder mit einander verbunden waren und zusammengelegt werden konnte. – Die Frau dieses Tungusenältesten, das schönste tungusische Weib, das ich bisher gesehen hatte, folgte dem Mann mit ihrem kleinen Kinde, welches an der Seite des Rennthieres in einem kleinen Korb transportirt wurde. Nicht weit von unserem Nachtlager kamen wir an ein Flüßchen Sojakan, welches in den Tuktschi fällt. Alle diese Flüsse enthalten keine ihnen eigene Fische, sondern blos diejenigen, welche aus dem Meere in dieselben steigen. Wir blieben früh in der Richtung des Flusses Tuktschi, dessen Lauf wir aufwärts verfolgten. Wir legten einen Weg von 21 Werst zurück. – Populus balsamifera wächst hier allenthalben häufig an den Flüssen und macht ansehnliche Stämme.

Sonnabend den 11ten Aug.
Wir reisen längst dem Fluß Tuktschi und kamen über folgende Flüßchen Muye – Uli und über zwey andere gleichen Namens Amenerakani
155 dann an ein Gebirge dessen steiler Abfall gegen das Meer sich neigte und uns an dasselbe brachte. Hier bekommt man die felsichte Insel Nansikan zu Gesicht, welche 4 Werst weit vom Ufer entfernt liegt. Dieser Felsen ist von einer halben Meile im Umfange und wird von einer großen Menge Meeres-Vögel besucht. – Die Tungusen der hiesigen Gegend nähren sich fast den ganzen Sommer von den Eyern dieser Vögel, die sie auf der Insel holen. –

Unser Weg führte uns nun beständig an dem Ufer des Meeres, welches hier sehr angenehm ist und aus einem bewaldeten sanft ansteigenden Gebirge besteht. Am Meer fanden sich häufig Asterien mit 4–5 Radien.
Wir hielten unser Nachtlager am Flusse Arenkan und haben heute 31 Werste zurückgelegt.–

Sonntag den 12ten Aug.
Wir reiseten heute beständig am Meere und passirten über folgende 3 kleine Flüßchen, deren Ausflüsse sich aber im Sande verlieren Senka, Menjeka, Palpa. Nach einem Wege von 26 Werst kamen wir an den Fluß Kekra, an welchem sich 4 bewohnte Jurten befanden in deren Nachbarschaft wir unsere Zelte aufschlugen.

156 Der Fluß Kekra entspringt im Jablonoi Chrebet, hat 80 Werst in seinem Lauf, nimmt 2 1/2 Werst vor seiner Mündung das Flüßchen Kivalla von seiner rechten Seite auf, theilt sich dann in zwey Arme, die sich wieder bey dem Ausflusse in's Meer vereinigen. Sein Bett ist seicht und seine Ufer sind niedrig. –

Ich habe heute viel Fuci gesammelt und zählen an 5 mir neue Species. Bey der Ebbe werden viele Felsen am Meeres Ufer entblöst. Sie sind mit Pholadien und anderen kleineren muscheligen Conchilien überzogen, auch wächst auf denselben eine Art Fucus, welcher von dem Meere nicht weggerissen wrd, wenigstens schien er mir sich nicht unter dem Ausgewaschenen zu befinden. In den Höhlen und Vertiefungen dieser Felsen wächst sehr häufig ein Zoophit mit kalkartigem schmutzigviolettem Überzuge. Es schien derselbe zu seyn, den ich schon am Aldam'schen Hafen von der Sonne gebleicht gefunden habe. Die einzelnen Stämmchen sitzen sehr fest auf den Felsen und haben

157 beim Trocknen einen starken Veilchengeruch. Zwischen ihnen halten sich kleine Onirci[297] auf. Diese Felsengruppen sind überhaupt für eine genaue Untersuchung sehr geeignet. Eine Menge Seevögel besuchen sie zur Zeit der Ebbe und um die vom Meere zurükgebliebenen kleinen Seethiere aufzufischen. –

Montag den 13ten Aug.

Heute konnten wir des schlechten Wetters wegen nicht weiter kommen. Man rechnet diesen Ort für die Hälfte des Weges bis zum Flusse Ulia[298]. Das Meer hatte hier ein Seekalb ausgeworfen, dessen Fleisch und Fett die Tungusen sich zu Nutzen machten. Gegen den Morgen des folgenden Tages erhob sich ein hefftiger Sturm, welcher den Horizont von Regenwolken befreyte und uns unsere Reise fortzusetzen erlaubte.

Dienstags den 14ten Aug.

5 Werst weit zogen wir am Seestrande fort bis an die Mündung eines unbenannten Flüßchens, welches ebenfalls aus dem Jablonoi Chrebet herabkömmt. Indem wir dasselbe erfolgten

158 kamen wir über einen sehr steilen und hohen Bergrüken. Der Weg war äußerst beschwerlich, wir mußten beynahe in gerader Richtung hinanklimmen und ich bewunderte hiebey die Geschicklichkeit unserer Rennthiere, sie kletterten mit ihrer Last in auffallender Leichtigkeit das steile Gebirg hinan.

---

297   [Onircus – Assel.]
298   [russ.: улья.]

Wir mußten oft ausruhen, bis wir auf den Gipfel gelangten. In dem jenseitigen, der Sonne verborgenen Thale lag noch tiefer Schnee. Etwa ein paar Fuß über dem Schnee blühte am Berge *Rhododendron Camschaticum* in heller Pracht. An den Felsen auf den sonnichten Seiten derselben eine noch nicht gefundene *Potentilla floribus cistarum more maculatis,* – *Rhododendron Chrysanthum* blühte noch in den in den Thälern. Auf dem Gebirge war überall *Rhododendron Camchaticum* verbreitet, aber größtentheils verblüht. Die Blumen waren auf den höchsten Stellen weit kleiner und die Blätter weniger gestielt. Auf dem Gipfel des Bergrückens selbst war *Menziesia coerulea*[299]

159 *deflorata* sehr häufig, sie wächst auch an den Baikalgebürgen. – *Cherleria sedoides*[300] oder vielleicht eine Arenaria der Cherleria ähnlich *Arenaria cherlerioides*[301]? – ebenfalls; dann *Iris sibirica*[302] und einige [?] *Artemisia* in verkümmerter Gestalt, die schon früher vorgekommen waren. Von der Höhe übersahen wir einen großen Theil des Meers. Die Insel Nansikan schien in gerader Richtung von uns zu liegen. – Auf den Felsen des Gebirges sahen wir einen ganzen Haufen wilder Schaafe, ich zählte mit freyen Augen 13 Stück. Das Fleisch dieser Schaafe soll sehr wohlschmeckend seyn und zu den größten Lekkerbissen der Tungusen gezählt werden. Wir erblikten ebenfalls zwey wilde Rennthiere, von welchen eins erlegt wurde, wodurch wir mit herrlichem Reiseproviant versehen wurden. – Wir kamen vom Gebirge mit ebensoviel Mühe herunter als wir hatten, um hinauf zu kommen. Wir zogen nun neben ein Flüßchen Namens Songagra, welches uns abermahls an die Ufer des Stromes führte. Nachdem wir etwa noch 2 Wersten an demselben zurükgelegt hatten, gelangten

160 wir an die Mündung eines kleinen nicht benannten Flüßchens, an der wir unsere Zelte aufschlugen. –

Mittwoch, den 15t. Aug.
Es bot sich mir eine unvermuthete Gelegenheit den [!] in kürzerer Zeit als auf dem Landwege nach Ochotzk zu kommen. – Schon waren die Rennthiere zur Abreise beladen und Alles zum Aufbrechen fertig, als wir auf einmal in der Ferne auf dem Meere zwei Böte erblikten, die auf uns zuzu[ru]dern schienen. Es regte sich sogleich in mir der Wunsch mit diesen nach Ochotzk zu gehen. Es kamen diese Boote von Udskoi Ostrog und wurden schon längst erwartet.

---

299   [Vgl. *Menziesia caerulea* Sw. (Ericaceae) [1811].]
300   [Vgl. *Arenaria sedoides* Froel. ex W. D. J. Koch [1835].]
301   [*Arenaria cherlerioides* Vill. (Caryophyllaceae).]
302   [*Iris sibirica* L. (Iridaceae).]

Es war ein großes Boot (hier Baidan genannt) von 33 Fuß Länge und 9 Fuß
Breite und noch ein kleines Nebenboot. Diese beyden Fahrzeuge wurden in
Udskoi von den vom gegenwärtigen Ochotzkischen Kommandanten Bucharin dort zurükgelassenen Leuten erbaut. Es war nämlich im vorigen Jahre von
Ochotzk in einem Baidan nach Udskoi Ostrog abgegangen. An der Udskoi-
schen Küste gerieth jenes Boot bey stürmischer See auf den Strand und es
wurde zerschlagen, wobey beynahe alle darauf befindlichen Sachen verloren
giengen. –
[Ende des vorhandenen Textes]

Botanisches Register

Die botanischen Namen wurden am International Plant Name Index geprüft. In einigen Fällen sind Redowskys Bezeichnungen dort erst für wesentlich spätere Zeitpunkte nachgewiesen. In diesen Fällen istnach Möglichkeit die Jahreszahl beigefügt.

Cypripedium macranthos Sw. 40
Delphinium grandiflorum L. 83
Dianthus L. 95, 99
Diapensia lapponica L. 111, 112,
   150
Diapensia L. 151
Dracocephalum grandiflorum L.
   100, 113
Dracocephalum thymiflorum L. 48
Dryas octopetala L. 31, 42, 99, 101
Empetrum nigrum L. 36
Empetrum V.N.Vassil. [1947] 36
Epilobium L. 109
Epilobium angustifolium L. 91
Equisetum hyemale L. 97
Eriophorum alpinum L. 103, 108
Euphorbia L. 34
Fragaria L. 37
Fucus 113 [Seetang]
Fumaria L. 83
Fumaria paeoniaefolia Stephan 36,
   46, 98, 100, 107
Fumaria peregrina Rudolph 112
Galium aparine L. 106
Galium rubioides L. 95
Galium verum L. 95
Gentiana L. 112
Gentiana barbata Froel. 100
Gentiana campestris L. 114
Gentiana triflora Pall. 107
Geranium L. 28, 30
Geranium pratense L. 86
Gnaphalium leontopodium L. 82
Hedysarum L. 30, 34, 36, 40, 93
Hedysarum alpinum L. 95
Hypericum ascyron L. 95
Inula L. 114
Inula hirta L. 96
Iris sibirica L. 113, 155
Juniperus communis L. 36
Juniperus sabina L. 95, 96
Ledum palustre L. 82, 96

Lichen croceus Schreb. 30
Lichen nivalis L. 29, 31
Lichen rangiferinus L. 98, 103
Lilium camschatcense L. 150
Linum perenne L. 82, 86
Lychnis L. 37, 40, 82, 96, 101
Lychnis fimbriata Wall. [1829] 106
Lychnis sibirica L. 106
Lycopodium alpinum L. 108
Lycopodium complanatum L. 95,
   107
Lycopodium rupestre L. 40, 152
Lycopodium sanguinolentum L. 101,
   150
Lysimachia thyrsifolia L. 96
Marchantia conica L. 28 [Brunnen-
   lebermoos]
Melanthium sibiricum L. 93, 113,
   114
Mentha aquatica L. 95
Menziesia caerulea Sw. 155
Mitella nuda L. 28, 98
Myagrum L. 106
Myosotis rupestris Georgi 37
Nymphaea odorata Aiton 90
Ophrys L. 99
Orchis conopsea L. 102
Orchis latifolia L. 99
Osmunda lunaria L. 114
Papaver nudicaule L. 37
Paris quadrifolia L. 30, 96
Pedicularis L. 40, 45, 103, 112, 149,
   151
Pedicularis comosa L. 86
Pedicularis euphrasioides Stephan
   30, 84
Pedicularis resupinata L. 113
Pedicularis sceptrum Schrank 96,
   100
Pedicularis verticillata L. 89, 100,
   114
Phaca lanata Pall. 38

Weg-Stationen
(Namen nicht genormt, da geeignete Karten nicht zur Verfügung stehen)

Podkamennoi
Alexieffsky
Weschinowska
Spoloschenskoi Pogost
Garbowskoi
Ilginska
Darina
Utschorskaia
Mudinskaia
Ivanuschskova
Tschastinskoi
Dubrovsky
Kurenskoi
Solenskaia
Parschina
Ruishii
Tschuja
Sloboda Wittim
Peledurskoi
Jelovoi (Jelovskii)
Chamrinskoi (Chamorskoi)
Kankova
Tochan-tschikovoi
Murii
Sibtschindkoi
Scherwinskoi
Uschatschanski
Dschaganskoi
Matschenskoi
Charatuba
Gilden
Nilana
Tscheringeiskoi
Berendinskoi

Olekminsk
Saloniskoi
Kamaninskoi
Charabalskoi
Chatuen-tuimuskoi
Marcholskoi
Faniachtaskoi
Malikanskoi
Isinskoi
Tschurinskoi
Onmuranskoi
Sünizkoi
Batamoiskoi
Titari (Tit-arü)
Toen-ari (Tojon-arü)
Bestiachskoi
Ulachanskoi
Mabatschinskaia
Tchiganskoi
Jakutzk
Jarmarka
Bejurskoi
Urgalachskoi
Schenkaria
Onkogunskoi
Krestaskoi
Amginskoi
Amginskoi pristan
Chatarschima
Chatignach
Ustmajskaia Pristan
[weitere Stationen nicht genannt]
Pristan Nelkan
Aldamscher Hafen